# 21世紀柴電潛艦戰術與科技新知
## II

*The tactics and advanced equipment technological knowledge of diesel—electric submarines in 21st century* II

SSK - Taiwan

王志鵬 編著

*Jyh-Perng Wang*

# 自 序

自第二次世界大戰之後，遂因潛艦科技的高速發展至今，已經令人刮目相看，在某些方面柴電潛艦已經可以挑戰大國的核動力潛艦，現代化先進柴電潛艦綜合性能評估的關鍵指標有五，依據優先順序分別是：

潛航寂靜隱蔽的能力
被動聲納的偵搜距離
水下潛航持續的電力
指揮官艇員整體素質
武器性能和攻擊距離

而違反這五個基本潛艦至高的原則和定律，優劣成敗在未開打前即可以立判，就潛艦專業的立場上無須多言亦可論斷，而非是那些在媒體上的名嘴、八卦、政客者，可以予以「誇耀、炒作、耳語、蠅營、操弄」之作為，在這些人吹噓之餘，一切還是必須回歸到潛艦專業的基礎上來分析。

2020 年後的 21 世紀，全世界先進現代化柴電潛艦的科技發展，其速度更令人深感驚訝；然觀察中國解放軍潛艦部隊的發展，自 1951 年至今歷經 70 餘載，由派人學習、引進、組裝、仿製、到自力設計建造，然後進而能夠外銷潛艦；這從無到有的過程，即至今日能夠逐漸追上歐美先進

潛艦建造國家，以致並駕齊驅，甚至部分超越。

本次撰文接續前書再次編著，就是在各國發展潛艦先進的關鍵技術上，眾多潛艦資訊仍然是維持「高度機密不公開」的情況下。個人採用「資料採礦」的蒐集研究方式，不斷地分析整理，選擇其中含量高的資訊寶石和黃金，經過淬取菁華，提供對潛艦發展有興趣和有志參與潛艦的讀者或學子們，一個最簡易的閱讀和吸收方式。

對於台灣才剛起步的自製潛艦歷程，台灣實在沒有過多的人力、財力、物力和時間，與之競爭、對抗或是浪費，這才是要認真去分析，務實以對方為師，努力設法以思維「跳躍超越」的概念，去突破這艱辛的門檻和困境；承上一本專書的延續，期望能將潛艦知識轉變為台灣人民一般的科普常識，帶您進入潛艦知識領域轉化邁進潛艦專業領域的「小學至國中」階段；我也希望能成為對潛艦有興趣或打算加入潛艦艦隊行列的志士，必讀的一本基礎入門書籍；同時也期許現役的潛艦官士兵努力學習吸收新知，而不是仍然還自認是「海王子」或繼續當「井底之蛙」，本書亦可成為海軍反潛和潛艦訓練中心的基本教材。

此外，此書有別於前一本的差異與特點，採取了「基礎理論」與「實務分析」相互結合的方式，此係接受前書讀者們的若干建議，希望再度進入潛艦更深的領域時，能夠看得下去，不致枯燥乏味；所以在本文之後，增加了若干附錄，此係在編撰這本書的過程中，發生了若干兩岸或是國際潛艦時事議題，經媒體平台或雜誌的邀請撰寫評論分析；

因此我從中挑選出與潛艦有關，比較具有討論意義或是有趣的文章，收錄於本書之後，提供讀者另一方面的閱讀趣味與實用價值。

　　然而，我還是必須再次闡述，我並非聖賢亦非專家，中華民國海軍出身潛艦的將校上百，豈止我一人；惟這些人退伍之後，有人閒雲野鶴再也不論潛艦事務，也有少數人仗著原有官階汲汲營營與執政者合作貪婪牟利，還有人接到號召加入潛艦建造團隊，認真茹苦致力新型潛艦建造等等，各類情況之複雜不盡其數；在此期間，我亦經歷接受過諮詢、邀請、號召、下令等不同情況；但退伍後十餘年的我，還是選擇「井蛙跳海」期能轉變為大洋中的「海狼」，我從不間斷地積極努力接受或是參與各類型式國際潛艦科技研討和交流，結識全世界不同國家的專家、學者和將校，才真正地認知我不再是台灣海軍潛艦圈中自傲的海王子；自此亦期許能夠在此專業領域，不斷的精進學習；我確實並非海軍潛艦主流，但我持續地充實自己而膽敢挑戰主流，或許是這輩子老天爺的安排和宿命，還敬請各位愛護我和鼓勵我的師長、兄弟和朋友們，不吝繼續指教斧正。

　　最後，我要對若干國際潛艦圈的外國朋友們，感謝近年他們私下封給我的暱稱「永遠的潛艦人 志鵬」(Al. Submariner JP)，並且彼此經常以網路交流最新的潛艦研究資訊與心得，非常感謝他們！

王志鵬 謹記 2021 年 9 月 1 日

# 目　錄

# 第 1 章 潛艦戰力的基本因素

潛艦作戰是個整體超完美的組合，由各種不同部門的裝備所組成，任何一個部分都是環環相扣；而潛艦要發揮整體的作戰效率，主要來自四大部分：「作戰潛力」、「作戰穩定性」、「作戰準備力」和「指揮能力」。(參考圖 1.1)

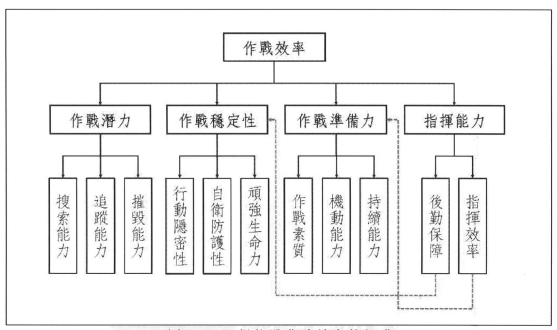

圖 1.1：潛艦整體作戰效率的組成

然而，潛艦整體作戰效率的四大組成，其中除了「指揮能力」之外，都圍繞著一個最基本的關鍵因子：潛艦的「行動隱蔽性」，所有的性能和條件，都基於這個因素發展，一旦破壞了這個最高法則，則潛艦作戰必然失敗；且此一關鍵因素的考量，是在設計之初就必須決定，因為這個因素會牽動潛艦後續整體所有裝備性能的定位和發展。(參考圖 1.2)

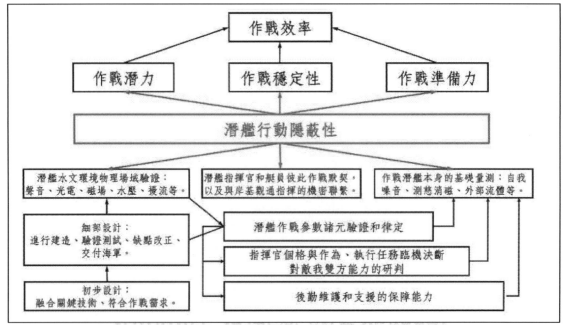

圖 1.2：潛艦作戰能力關鍵因素組合

而潛艦在為其「隱蔽性」進行設計之時，有若干基礎物理性質必須綜合考量，其包含了：「潛艦本身裝備噪音」、「推進尾流噪音」、「環境背景噪音」、「地磁變化」、「紅外線的洩露」、「海水壓力變化」、「海水溫度變化」、「海水鹽分變化」、「生物發出的音響」和「特殊地質意外的變化」等。(參考圖 1.3)

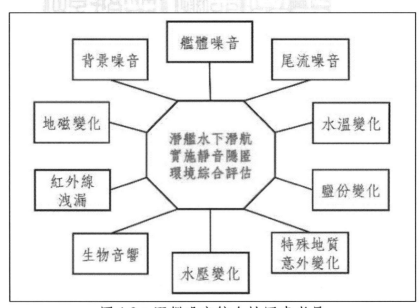

圖 1.3：潛艦噪音綜合性因素考量

　　而其中，單就潛艦本身所輻射出來的噪音，就極為複雜，主要分為三大類：「裝備機械噪音」、「螺旋車葉噪音」和「流體動力噪音」。(參考圖 1.4)

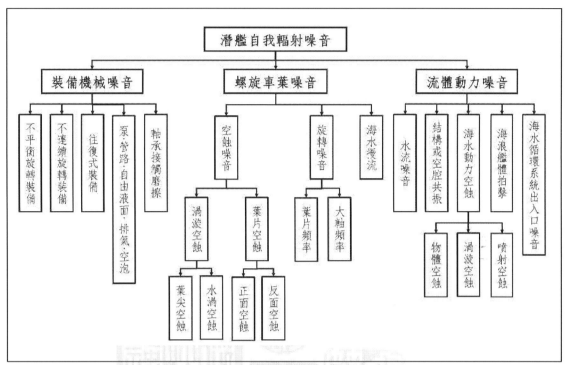

圖 1.4：潛艦整體輻射噪音

# 第 2 章 各型「絕氣推進系統」的優缺點

柴電潛艦發展「絕氣推進系統」(AIP, Air-Independent Propulsion)的目的，就在於設法降低潛艦在執行呼吸管航行的次數、延長期必須執行的時間，以提供潛艦更加的「靜音隱蔽性」；隨這潛艦不同技術的發展，各階段也就推出不同形式、不同組合的裝備系統，因此也就呈現出彼此不同的差異，所產生的效益也就不同；而柴電潛艦依據其作戰性能和特性，發展「絕氣推進系統」的最佳目標，則是足以提供水下寂靜潛航 30 天的所需電力。(參考圖 2.1)

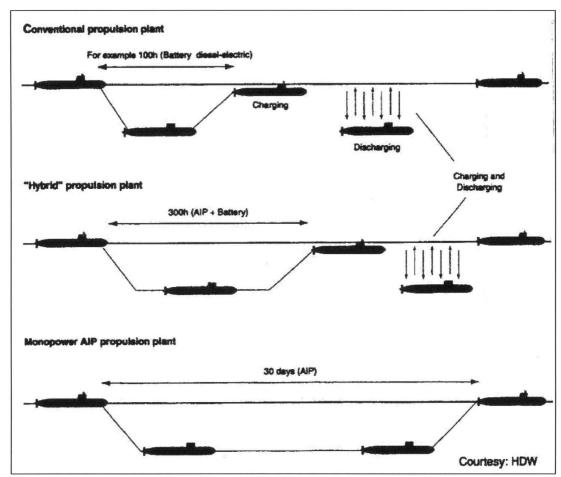

圖 2.1：柴電潛艦搭配各不同類型的推進動力系統所產生的效應比較

20 世紀 70 年代「絕氣推進系統」(AIP)引發先進各國潛艦建造的關注，主要在於作為輔助的動力裝置，可以讓潛艦在水下低速航行時，提高潛航的持續能力 2 至 3 倍的時間。目前發展成熟的計有四大類型分別為：「密閉式循環系統」(CCD)、「史特

林引擎」(SE)、「燃料電池」(FC)和「密閉式循環蒸氣渦輪機」(MESMA)。

1996 年瑞典海軍在其第三代「西特哥蘭級」柴電潛艇(水下排水量 1,600 噸、長 60.4 公尺)上裝設了世界上首部 75KW 功率的「史特林引擎」。此裝置的初步驗證，能夠讓潛艦以 2.5 節速率於水下連續航行 20 天，但也顯示出其缺點：柴油引擎的效率低、噪音頻率產生較高、所造成的尾流痕跡較長、下潛深度遭限制(不能超過 150 公尺)等。

而 20 世紀 90 年代初期，德國海軍在其 205 型潛艇上，開始採用「燃料電池」作為試驗測試，發覺若干的優點：燃燒輸出功率比較高、對氧需求量較少、放熱量較低、唯一的化學反應產物是水等；但最大的技術困難與缺點是：儲存氫燃料與液態氧的容器與裝備的設計，最後德國設計師採用了金屬氧化物來儲存氫，但也必須依賴岸置複雜的儲氫設施和裝備來注入氫燃料。

持續發展最後，在德國海軍所採用的 212 級潛艦(水下排水量 1,830 噸)，裝設了「燃料電池」，212 級潛艦主推進動力的發電機推進為功率 3,875 馬力(HP)，帶動大型 7 葉片先進鐮刀型螺旋槳車葉，總共裝設 10 部單功率 34KW 的「燃料電池」組，總輸出功率為 306KW，經驗證可以確保潛艦水下最大航行速率 8 節、巡航速率 3 節、持續航行 14 天、航行距離可達 1,700 海浬；用盡之後，改用柴油機動力巡航 8 節可再航行 8,000 海浬，改採電瓶以 4 節速續航行推進，可繼續航行 420 海浬。

與德國及瑞典發展不同的法國，其獨立自主發展「密閉式循環系統」(MESMA)，其設計在密閉的引擎燃燒室內，將柴油與氧氣導入燃燒，輸出 200KW 的功率推動蒸氣渦輪機，功率輸出後，蒸氣被冷凝再循環使用，所產生的二氧化碳則經由裝備排出艇外，由於排放壓力夠大，所以並不影響原有的下潛深度。

俄羅斯剛開始則是選擇提高電瓶的儲電效率，2008 年 8 月針對出口設計的「阿穆爾級」(Amur)1,650 噸型潛艦，推出售價 1.5 至 2 億美元，相較德國和其他同級先進潛艦便宜一半以上，其採取永磁推進馬達、推進功率為 4,100KW，額定轉速為每分鐘 200 轉，二組共 252 顆電池的電瓶組，容量 10,580KW，3.5 節速率可持續潛航 45 天，持續航程 650 海浬(相較同等級的德國與法國，分別為 420 海浬和 550 海浬要高)。

之後，俄羅斯也發展採用「燃料電池」設計，其系統輸出動力約 600 KW，短期最高輸出峰值可達 4,000 KW，可提供潛艦水下低速航行持續力達 60 至 90 天。(參考表 2.1、2.2)

# 第 2 章 各型「絕氣推進系統」的優缺點

## 表 2.1：俄羅斯 677 型系列潛艦基本潛航戰術諸元

| 型　號 | 阿穆爾 1650 噸 | 阿穆爾 950 噸 | 阿穆爾 550 噸 |
|---|---|---|---|
| 魚雷發射管數量/攜行量/魚雷管口徑(mm) | 6/18/533 | 4/16/533 | 4/8/400 |
| 排水量(噸)/長×寬(公尺) | 1795/66.8×7.1 | 1150/58.8×5.65 | 550/46×4.4 |
| 水下最大速率(節) | 21 | 18 | 18 |
| 以 3 至 4 節航行續航力(海浬) | 650 | 350 | 250 |
| 以 7 節採用柴油發動機航行距離(海浬) | 6,000 | 3,000 | --- |
| 最大下潛深度 | 250 | 250 | 200 |
| 水下航行持續力(天)/艇員 | 45/34 | 30/21 | 20/18 |

## 表 2.2：各先進國家潛艦 AIP 性能諸元比較表

| 型　號 | 德國 212 型 | 德國 214 外銷型 | 俄國阿穆爾 1650 | 瑞典加特蘭級 | 瑞典海盜級 |
|---|---|---|---|---|---|
| 排水量(噸) | 1,830 | 1,980 | 2,000 | 1,490 | 1,500 |
| 潛深(公尺) | 250 | 400 | 300 | 200 | 300 |
| 主動力裝置型號/功率 KW | 2 部柴油引擎 MTU16V396/3,165 | 2 部柴油引擎 MTU16V396/3,165 | 2 部柴油引擎 8YH/2626/1,250 | 2 部柴油引擎 V12A/15-Ub/1,300 | 聯合動力裝置 --- |
| 輔助動力裝置性能/功率 KW | 燃料電池 $O_2, H_2$ /2×34 | 燃料電池 $O_2, H_2$ /2×120 | 燃料電池 $O_2, H_2$ /--- | 史特林引擎 $O_2$ 和柴油機 /2×75 | 史特林引擎 $O_2$ 和柴油機 /2×600 |
| 水下持續力(小時) | 336 | 300 | 1,080 | --- | 336 |
| 水下經濟速率(節) | 3.5 | 4 | 3.5 | 4 | 4 |

| 型　號 | 法國奧古斯塔 90B | 法國鮋魚級 | 日本蒼龍級 | 英國/加拿大支持者級 | 澳洲柯林斯級 |
|---|---|---|---|---|---|
| 排水量(噸) | 1,740 | 1,668 | 3,300 | 2,400 | 1,490 |
| 潛深(公尺) | 300 | 300 | --- | 250 | 300 |
| 主動力裝置型號/功率 KW | 2 部柴油引擎 SEMT16PA4V 185VG/1,250 | 4 部柴油引擎 MTU16V396SE/2240 | 2 部柴油引擎 ---/--- | 2 部柴油引擎 RPA2000SZ/1,350 | 3 部柴油引擎 V18B/14/1,475 |
| 輔助動力裝置性能/功率 KW | MESMA $O_2$, 乙醇/2×200 | MESMA ---/1×200 | 史特林引擎 $O_2$ 和柴油機 /2×65 | 燃料電池 $O_2, H_2$ /2×600 | 史特林引擎 $O_2$ 和柴油機 /2×75 |
| 水下持續力(小時) | 300 | --- | 336 | 480-720 | --- |
| 水下經濟速率(節) | 4 | --- | 4-5 | 6 | 4 |

表 2.2：當今先進潛艦四大類型 AIP 性能比較表

| 類　　型 | 密閉式循環系統 (CCD) | 史特林引擎(SE) | 燃料電池(FC) | 密閉式循環蒸氣渦輪機 (MESMA) |
|---|---|---|---|---|
| 裝備功率 | 高 | 中 | 中 | 高 |
| 效率 | 中 | 中 | 高 | 低 |
| 重量 | 小 | 小 | 中 | 高 |
| 體積 | 中 | 中 | 高 | 高 |
| 噪音等級 | 中 | 中 | 低 | 中 |
| 水下續航力 | 中 | 中 | 高 | 中 |
| 研製費用 | 低 | 中 | 高 | 中 |
| 研製週期 | 短 | 長 | 長 | 中 |
| 操作費用 | 低 | 低 | 高 | 低 |
| 安全性 | 高 | 中 | 低 | 高 |
| 可靠性 | 高 | 中 | 佳 | 高 |
| 維修性 | 佳 | 中 | 佳 | 佳 |

　　依據潛艦專業定義：柴電潛艦使用呼吸管航行充電的時間稱之為「**潛艦暴露率**」，其定義為柴電潛艦使用呼吸管航行充電的時間(曝露時間)與利用電瓶組於水下航行時間之比。處於水下航行狀態的潛艦，推進功率會隨航行速率而改變，因此潛艦的暴露率也就與航速有密切的關係；相對於柴電潛艦在水下低速航行的曝露率，也就比高速航行的要低得多，動力消耗與速率兩者的因素關係曲線也呈現相反趨勢變化。(參考圖 2.2)

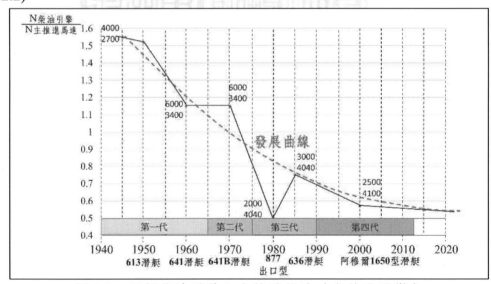

圖 2.2：潛艦柴油引擎和主推進馬達功率的發展變化

# 第 2 章 各型「絕氣推進系統」的優缺點

　　儘管全世界各國先進潛艦製造商採用與發展 AIP 的方向有所不同，但是就潛艦戰術和作戰需求的目標，卻是有共同的特徵：

一、提升潛艦水下潛航的持續能力；

二、能夠滿足潛艦在必要時，短時間執行最大航速的需求電力；

三、降低在受命巡邏區內的曝露率。

　　現今先進潛艦的基本配備標準，是能夠提供潛艦水下使用 AIP 寂靜潛航至少 15 至 20 天的時間。

　　不同的 AIP 系統所需求潛艦設計的空間和重量容許度相當不同，「密閉式循環系統」(CCD)和「史特林引擎」(SE)，就所需的空間與重量的比值相差不大；然而在相同噸位的潛艦同樣排水量的情況下衡量，「史特林引擎」所佔的空間和工作時間的綜合評估，卻是「燃料電池」的 1.8 倍。

　　因此在潛艦考量設計裝置 AIP 時，就必須針對「寂靜、效率、體積、空間」整體進行考量，並在最後針對戰術需求進行一個「均衡的最終決策」。

　　當 AIP 裝置容量為 300 至 400KW/小時、工作時間為 300 至 400 小時，史特林引擎裝置量為 200 至 300 噸；在相同的條件下，燃料電池裝置的重量要比史特林引擎大的多，而傳統的鉛酸電池組的重量則更為巨大。

　　近十年來，國際潛艦的專家和學者針對潛艦的 AIP 系統，提出了一個標準，也就是「**平衡速率**」的概念；所謂「平衡速率」，係指潛艦僅依賴 AIP 系統提供動力，直到抵達作戰海域所採取過渡航速的均值標準；而它高標期望值的設計則是能達到 12 節，若依據此國際認同的標準，一艘原為 2,200 噸級的潛艦，加裝 AIP「密閉式循環系統」之後，必須增至 3,600 噸左右(約增加 63%)，若是採用「燃料電池」系統，則必須增加至 3,000 噸左右(約增加 36%)，當然隨著科技進步速度，這個空間和重量的所需比例會逐漸縮小(可能縮小至 20 至 25%，特別是鋰電池在未來可能的發展)。

　　此外，潛艦在考量設計裝置 AIP 時，不僅僅針對作戰需求和支援潛航動力輸出的考量，同時也必須針對潛艦整體全般考量，如艦體噸位、外型和大小的改變、潛航速率、下潛深度、推進效率等等，特別是艇員生活空間的排擠；依據國外目前的分析，以 2,000 噸級柴電潛艦為基準，人員生活負載設施約為 100KW，一般 1,500 至 2,000 噸的柴電潛艦，於水下以 2 至 4 節航行時，推進所需動力約數十千瓦，而艇內生活負載則約 50 至 150KW；因此，在安裝 AIP 統的同時，就必須考量低速與高速全般情況，全艦用電量的取捨，一般考量均以 200KW 為基準考量；以瑞典「加特蘭級」潛艦為例，裝配 2 部 75KW 功率的 V4-275R 型史特林引擎，總功率可達 150KW，算是勉強能夠支應；德國第一批 212A 型潛艦，則是安裝了 9 組 34KW 的「燃料電池」

模組，總功率可達 306KW，當算是能夠游刃有餘。

　　若潛艦以相同的排水量來評估律定，對於減少呼吸管航行的使用量，所可以採取的措施有：安裝 AIP 裝置；增大潛艦海軍部署的係數；降低潛艦航速；提高柴油發電機組的輸出功率和減少艇上的生活負載。

　　安裝 AIP 的出發點和目的，在於提高潛艦水下航速和增大二次呼吸管航行之間的間隔時間；然而為降低潛艦暴露率而降低航速，則可能會得到相反的效果。

　　不少人誤以為小型潛艦無法裝配 AIP 系統，其實不然，是真懂還是不懂潛艦，是專家、學者、還是名嘴，這些人都存在主觀的認知上偏見。就以向來建造大傢伙的前蘇聯，現今的俄羅斯聖彼得堡孔雀石海洋機械製造局所設計的瀕海型潛艦，就裝設 AIP 作為標準配備，其排水量 650 噸、長 516 公尺、寬 6.4 公尺、高 6.3 公尺，水下最大航速 20 節，最大航程 2,000 海浬，以經濟航速水下續航力約 200 海浬，可持續 20 天，下潛深度 300 公尺，裝配 4 具魚雷發射管，艇員僅需 9 人。

　　當生產規模為 1,000 台的史特林引擎時(小批量生產)，平均一台史特林引擎造價要比單台低 30 倍左右；以現行的生產量來估算，功率 10KW 的史特林引擎造價在 15,000 美元左右，100KW 功率的史特林引擎造價在 90,000 美元左右；由此可見，即使在小批量生產的情狀下，史特林引擎的造價都不高，並且與傳統的內燃機相比較，史特林引擎造價生產提供的周期都很短。

　　1994 年巴基斯坦向法國訂購 3 艘「奧古斯塔 90B 級」潛艦，此型潛艦係法國潛艦製造商 DCNS 公司依據核動力潛艦的技術設計改良轉換而來,其艦體長 67.6 公尺、寬 6.8 公尺、吃水 5.4 公尺、水下排水量 1,760 噸，推進動力採用 2 部 SENT-皮爾斯蒂克 16PA4V185VG 型柴油引擎(持續輸出功率可達 3,600HP)，水面最大速率 12 節、水下最大速率 20 節，潛航使用呼吸管航行以 9 節之續航力為 8,500 海浬，若採用電瓶潛航以 3.5 節速率續航力僅 350 海浬；巴基斯坦所購買的第 1 艘和第 2 艘並未裝設法國的 AIP 系統，第 3 艘「哈姆札號」才加裝了法國的 AIP「MESMA」系統(該系統採用乙醇和氧的混和氣體燃燒產生熱動能在轉換成電能，輸出功率為 200KW)，艦長增加至 76 公尺(多了 8.4 公尺的船段)，排水量則增加 200 噸(增加 11.3%)，惟具體作戰效益是水下續航力增加 4 倍以上,2007 年初巴基斯坦遂向法國再訂購 2 套「MESMA」系統裝設在第 1 艘和第 2 艘潛艦上。

　　而法國的「魟魚級」潛艦，則是法國 DCNS 公司與西班牙伊薩爾公司共同研發設計出的一款柴電潛艦，其為滿足不同國家的作戰需求，計設計三型分別為：基本型 CM-2000、配備 AIP 的 AM-2000 型和緊湊型三種。基本型 CM-2000 長 66.4 公尺、寬 6.2 公尺、吃水 5.8 公尺，水下排水量 1,700 噸，推進動力採用 4 部 MTU16V-396SE84 型柴油機(持續輸出功率 2,231KW)及一部輸出 2,840KW 的發電機，水面最

# 第 2 章 各型「絕氣推進系統」的優缺點

大速率 12 節、水下最大速率 20 節,水下潛航續航力為 4 天,潛航使用呼吸管航行以 8 節之續航力為 6,500 海浬,若採用電瓶潛航以 4 節速率續航力僅 400 海浬;而配備 AIP 的 AM-2000 型,艦長增加至 76.2 公尺(多了 9.8 公尺的船段),排水量則增加 300 噸(增加 17.6%),配備 AIP 後水下續航力增至 17 天,以 4 節速率潛航可達 1,600 海浬。

法國建造的「奧古斯塔 90B 級」潛艦在沒有安裝 AIP 前,其作戰能力全面輸給了俄羅斯出口的基洛級 877 型,甚至其綜合的作戰效應還略遜於噸位較小的德國 212 型潛艦,不過加裝 AIP 之後,綜合作戰效應評估明顯大幅提高。(參考圖 2.3)

現今的「燃料電池」技術雖然已經算是成熟,不僅在潛艦也開始落實到更廣泛的應用上(如汽車),但就其技術和產業仍有很多地方必須再進化:

一、「適應性」:

必須提高燃料電池面對環境嚴峻的變化和使用的需求,如不同緯度的氣候環境(高溫和低溫、高海拔和低海拔、高沙塵或高懸浮微粒),在不同的操作使用狀態(頻繁的變動輸出電量和啟停的次數)。

二、可靠性和耐久性:

目前燃料電池的使用壽命約僅 2,000 小時,北京實驗運行的汽車平均妥善率約 92%,而傳統柴油引擎汽車卻達 99.16%,因此必須嚴格降低故障率提高妥善率。

三、總能量效率:

提供工作溫度,相對就能提高燃料電池的電能轉換效率,2006 年實驗數據證明若燃料電池工作溫度提高至 90 至 95°C,其可耐 120°C 的高溫工作膜,一旦研發成功就將有驚人的突破;而製氫的程序和儲氫的設備,同樣也一併配套快速發展。

四、成本需求:

2006 年日本豐田公司所研發新型的質子膜燃料電池組,目標價格約每平方公尺 10 美元,若能夠研發相關技術再降低,未來取代傳統石油能源的優勢會更大。

五、基礎供應的設施:

即使當技術層面成熟、價格也能平民化,但對於建立相關社會所能提供支援的基礎設施,這還必須花上數年才能夠建立。

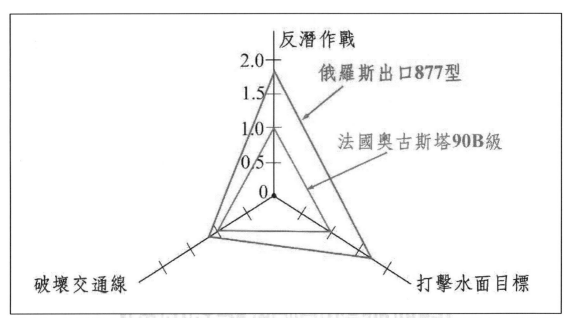

圖 2.3：法國奧古斯塔 90B 型潛艦執行作戰的主要效能(與俄製基洛級 877 型出口型相比)

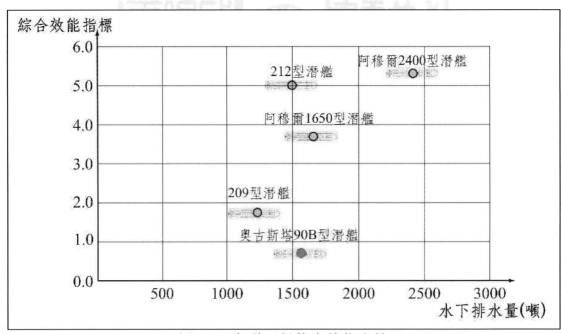

圖 2.4：各型潛艦綜合效能比較

　　潛艦水下最大速率向來是潛艦最重要考量的戰術參數之一。依據前蘇聯與俄羅斯，所發展的潛艦，其最大水面和水下速率的變化趨勢如下。

# 第 2 章 各型「絕氣推進系統」的優缺點

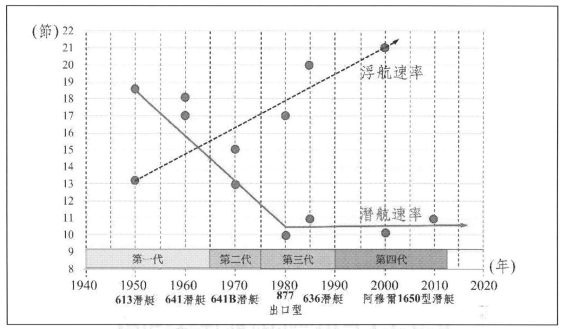

圖 2.5：俄羅斯各代潛艦水面和水下速率變化趨勢

　　台灣首艘自製潛艦在 2018 年初步設計時，也必然會考量到這個問題，首先當然會選擇國外四大類型商源的「絕氣推進系統」製造商(德國的燃料電池、瑞典的史特林引擎、法國的 MESMA 系統或日本的鋰電池系統，其他…)，在上述的商源沒有任何國家願意提供時，才會轉為退而求其次尋找國內可能的替代性商源，並尋求外國技師協助進行設計、測試和安裝。

　　問題就在於初步設計時，不論是獲得商源或沒有獲得商源，都必須進行評估以決定設計，因為各種不同形式的「絕氣推進系統」，其中重量、使用空間、系統裝備的配置與主動力推進系統的銜接，在設計上就存在極大的不同，若不先行確定，這將嚴重影響後續的「細部設計」，甚至實際的建造，並會衍生相當多複雜困擾的問題。

　　依據媒體的報導，台灣自製潛艦的設計已經完成了「初步設計」，進入「細部設計」，並計畫於 2020 年 12 月正式進入「建造階段」；此意即首艘潛艦的「初步設計」已經決定是否決定採用某類型的「絕氣推進系統」，或者因為無法獲得商源，根本不採用而進行設計；依據公開的資料顯示，2025 年的首艘潛艦可能不具備「絕氣推進系統」系統，但是問題仍然還是存在！當進入「細部設計」時，是否要預留留設計「絕氣推進系統」的艙段空間，依據目前設計 2,500 噸型的潛艦評估，至少約 5-7 公尺的艙段、約 100 至 200 噸左右的重量(約全艦噸位的 5%-7%)甚至會更多；如果不打算預留，直接繼續完成「細部設計」進行後續建造，則未來當獲得商源之時，就

13

必須再花一大筆錢重新設計；如果打算在設計上先行預留空間，那就必須決定發展的類型，暫時以增添其他「等重量、等空間」次要的系統裝備進行配重；當然也有可能就先行設計二份藍圖(有與沒有)，不過問題還是在於能否決定類型，否則還是白費功夫。

這些問題遠高於目前將發生「系統整合性」的問題，但是海軍確實也無從選擇，只能下定決心斷然進行設計建造，等未來獲得「絕氣推進系統」商源時再做考量；然歷經 5 年設計建造的首艘潛艦預於 2025 年下水測試，若第 2 艘或第 3 艘，甚至更後面的潛艦，才開始考量裝設「絕氣推進系統」的問題，再次設計建造的時程將拉得更長，經費也會大幅升高，到時能否符合兩岸台海已經轉變的實際作戰需求，確實難以評估而未能可知；因此稱台灣首艘新型潛艦為「實驗等級」的潛艦並不為過，而這將耗費 10 至 15 年甚至更多時間和財力，要艱苦努力的時間還很長，但是否會因應台海危機而緩不濟急，則有待後續觀察。(參考圖 2.6)

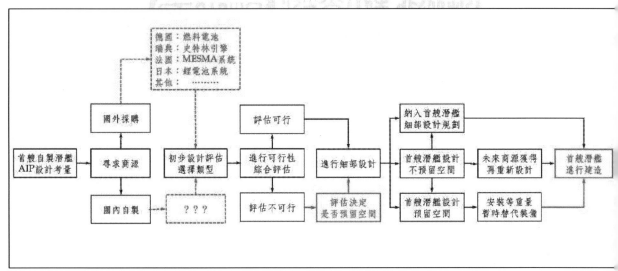

圖 2.6：台灣自製潛艦考量絕氣推器系統可能的問題

# 第 3 章 潛艦戰鬥系統基本概念

　　潛艦的戰鬥系統等於是潛艦的大腦，負責接收、思考、分析、下令和指揮的功能，現行各先進潛艦建造國家，依據其國家自身的作戰需求而發展，因此存在不同的思維和邏輯，不過都將其視為潛艦的「最高機密」，外界難窺其核心；僅能依據其公開資訊，或外銷型的資訊進行分析；至於潛艦戰鬥系統的優劣關鍵，端視「反應速度」和「精確程度」。目前世界各國潛艦主要採用戰鬥系統型號如表 3.1。

表 3.1：目前世界各國潛艦主要採用戰鬥系統型號

| 製造國家 | 戰鬥系統型號 | 已採用的艦型 |
|---|---|---|
| 美國 | $C^3I$<br>潛艦綜合戰鬥系統 | 維吉尼亞級 |
| 俄羅斯 | 636M<br>潛艦自動資訊控制系統 | 636 級 |
| | Amur<br>潛艦戰鬥指揮與控制系統 | Amur 級系列潛艦 |
| 德國 | ISUS 90 | 以色列海豚級、義大利薩烏羅級、土耳其和南非 209 級、希臘和南韓 214 級、葡萄牙 209 級。 |
| 法國 | SUBTICS | 巴基斯坦奧古斯塔 90B 級、智利鮋魚級。 |
| 英國 | ACMS<br>潛艦綜合戰鬥系統 | 機敏級核動力攻擊潛艦 |
| 瑞典 | GMSS<br>潛艦綜合管理系統 | A26 型 |

　　指揮控制系統係滿足指揮官在作戰過程，能夠同時掌握裝備、軟體、情報和人員的必要核心系統，也簡稱為 $C^2$(Command Control)系統。指揮與控制必須依賴雙向的資訊連結，隨著科技的擴展逐漸包含情報和監偵的範疇，發展成為「情報、指揮、控制和通信」系統，簡稱 $C^3I$(Command Control Communication information)系統。

　　現代先進潛艦的指揮控制系統基本必須包含「戰術情報資訊綜合處理」、「作戰輔助指揮決策功能」、「目標運動資訊的即時解算」和「武器發射、控制與導引」等功能。一般作戰艦艇的指揮方式基本分為：「集中指揮」和「分級指揮」兩個的模式，控制則分為：「集中控制」、「綜合控制」和「分散控制」等三個模式；而潛艦的作戰指揮則是採取「集中指揮、綜合控制、兩級管理」的模式，所謂「集中指揮」指的是潛艦所有的作戰指揮權高度集中在艦長的身上，「綜合控制」係指潛艦上的各類型裝

備感應器都由部位操作，經由訊號傳遞綜合進行控制，而「兩級管理」係指潛艦的作戰指揮控制，係由潛艦艦長與各部位的負責主管共同進行指揮管理。

　　潛艦的指揮控制系統的總體結構設計研發，過去則歷經過「分散式」、「集中式」、「分開式」和「分布式」等四種配置形式的階段，隨著科技發展汰弱留強逐漸至今，「集中式」已經成為先進潛艦發展的主流，形成目前完整的潛艦「戰鬥系統」。現代潛艦典型的戰鬥系統包含三個重要的子系統：「聲納系統」、「指揮射控系統」和「武器系統」。(參考圖 3.1)

　　潛艦整體戰鬥系統的功能主要必須包含：

一、綜合潛艦本身個裝備感應器的資訊和外部戰術情報資訊，整合為真實的戰場綜合資訊；

二、輔助潛艦指揮官完成作戰全程的指揮決策；

三、精準的解算目標，並能鎖定目標的運動姿態；

四、調配選擇武器，給予武器基本設定、發射後的控制和導引；

五、指揮控制水下無人載具執行並完成相關的任務；

六、協助全艦官士兵進行模擬訓練。

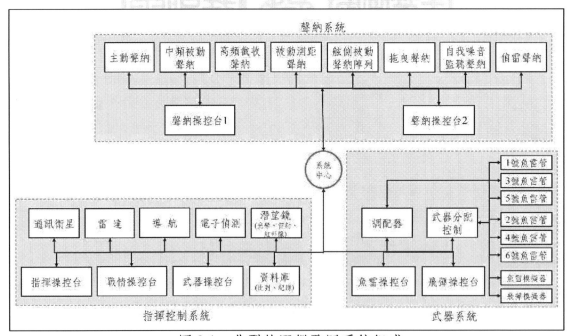

圖 3.1：典型的潛艦戰鬥系統組成

　　然而，現代潛艦發展的主要功能指標為：

一、資訊的接收和發送；

二、資訊的處理和整合；

三、輔助指揮官進行決策；

四、敵我態勢與參數顯示；

五、目標的運動解算和鎖定；

六、針對最佳武器的選擇建議；

七、提供武器調配、選擇、導引和解算；

八、資料庫儲存和比對；

九、協助模擬訓練；

十、完整記錄和重新顯示；

十一、智慧型 AI 功能進行 SOP 程序檢查。

　　而現代潛艦發展的主要研發的性能指標有七：

一、處理目標的能力；

二、系統解算的精準度；

三、即時解算目標的最大數量；

四、系統反應時間；

五、系統人性化可控制能力；

六、系統可靠性、維修性和妥善率；

七、系統針對作戰環境的適應性。

　　而潛艦綜合指揮和火力控制的典型過程為：接收相關訊息，完成綜合情報處理，獲得統一的戰術態勢，進行水文環境分析、協助指揮官完成攻防決策，確定攻防方案，完成目標運動要素的解算，調整各武器裝備控制和設備設定，完成武器參數設定輸入魚雷、飛彈或水雷等，備便後續的綜合防禦過程等。

　　自第二次世界大戰之後潛艦的設計和建造發展，現今 21 世紀潛艦已屬第三代，其戰鬥系統的典型計有：美國 CCS MK1/MK2、英國的 DCB/DCC/DCG、德國 ISUS 83、俄羅斯 MBY-110 等；而現今的先進潛艦戰鬥系統發展更以美國 NSSNC[3]I、英國 ACMS、法國 SUBTICS、德國 ISUS 90、俄羅斯 AMUR 係列為最佳典型。

# 美國以維吉尼亞級潛艦

　　全世界潛艦大國的美國，以其現今的主力「維吉尼亞級」潛艦所配備的 C³I 戰鬥系統組合功能為例，其綜合了 4 大類共 23 個子系統，4 大類分屬「戰術系統」、「非戰術數據處理系統」、「系統結構」(提供網路硬體、支援與管理)和「艦上模擬訓練」。而其子系統涵蓋所有需求，其包含：「作戰控制」、「電子作戰」、「區域作戰」、「水文情報」、「艦上訓練」、「雷射預警」、「艦船監視」、「內部通訊」、「艦船控制」、「數據鏈傳輸」、「非戰術數據處理」、「特種部隊通聯」、「精準導航」、「聲納訊號處理」、「圖像資訊」、「雷達訊號」、「外部通訊」、「敵我識別」、「外掛式艦船控制」、「拖曳是聲納訊號處理」、「聯合戰術支援」和「戰術水下通信」等等。(參考圖 3.2)

　　C³I 戰鬥系統的主要兩個核心子系統，其主要完成的任務即：綜合處理各類型感應器的資訊、完成資訊的整合、綜合識別、精準定位、解算武器的參數諸元、調配和控制武器的備便與發射、導引並完成武器發射後的操控、當本艦遭受威脅時，立即執行綜合防禦措施和支援艦上模擬訓練等。

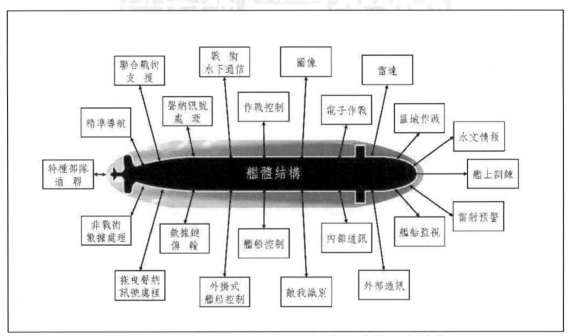

圖 3.2：美國維吉尼亞級潛艦戰鬥系統組合功能

# 英國的「機敏級」潛艦

英國的機敏級（Astute class）核能攻擊潛艦的戰鬥系統，由阿萊尼亞·馬可尼(AMS)公司設計研發，採用將原有的 SMCS-NG 作為開發基礎，發展出新的 ACMS 潛艦綜合戰鬥系統（Astute Combat Management System），ACMS 系統的特色，在於使用 UNIX 基礎的作業系統，軟體以美國軍規 ADA 以及商規 C 來撰寫，顯控台包含兩個大型液晶平面顯示器（LCD）；該系統由阿勒尼亞.馬可尼公司（Alenia Marconi Systems）研製，是一種高度整合、採用開放式架構的系統，其所有感測系統傳來的資訊直接快速顯示於各個操控台，此外還整合有射控與武器系統。原本 SMCS 的中央處理節點採用多 Intel 處理器、顯示操控台使用 Unix Solaris 作業系統的 SPARC 處理器，ACMS 則同樣以 SPARC 處理器取代原本的中央核心，實現了系統完全 Unix/SPARC 化，使得整合工作變得更加容易。

該系統通過使用「商業現貨」組件，以降低下一代潛艦指控系統（SMCSNG）的成本，使其在軍事貿易市場上更具競爭力。ACMS 的核心要求是，通過先進算法和數據處理從聲納和其它數據源收集信息，為潛艦指揮官顯示實時的圖像。ACMS 採用分布式結構，可處理現代核潛艦中不斷增加的大量信息，控制目前和未來的水下先進武器。此外，為 ACMS 設計的新控制台採用較大的屏幕液晶顯示器(LCD)。ACMS 上 95%以上的硬體是商用的，包括處理器，使插件的數量和類型大為降低。該系統大為節省空間，降低了重量和電耗，對冷卻要求也降低了，大幅提升對空間和重量限制。(參考圖 3.3)

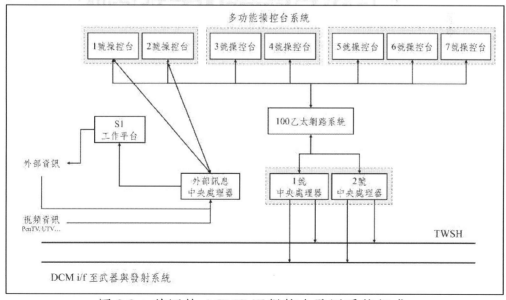

圖 3.3：英國的 ACMS 潛艦綜合戰鬥系統組成

# 法國「奧古斯塔 90B 級」潛艦

　　法國潛艦製造公司 DCN 設計的 SUBTICS 戰鬥系統，主要針對寬廣的採購國家需求，其設計能夠彈性轉變，因此多為模組化設計，其設計運用於鮋魚級和奧古斯塔 90B 級柴電潛艦；以鮋魚級為例，其聲納系統是 Thales TSM 2233，結合低頻被動陣列聲納、主動聲納、攔截搜索聲納、舷側被動陣列聲納、高解析度偵雷聲納、拖曳陣列聲納等。其中，側面陣列聲納採用 由聚偏二氟乙烯（Polyvinylidene Difluoride，PVDV）材料製造的高分子壓電薄膜聽音單元，相較於傳統壓電陶瓷組件不僅更輕更小巧、利於製作面積更大的聽音陣列，而且具有低組抗、高頻寬、高信噪比（探測靈敏度）的特點。SUBTICS 潛艦戰鬥管理系統，做為潛艦的指管通情與戰術控制的中樞， 透過雙冗餘網路總線連結潛艦上所有的導航、通信、偵測裝備、電子支援系統、作戰與武器射控裝備，其可配備 6 個能夠互相連結備援的雙屏幕多功能彩色顯示操控台，此外也能透過資料鏈獲得友軍傳來的資訊。SUBTICS 潛艦戰鬥管理系統使用開放式架構，也大量採用成熟的商規硬體（包括高速 RISC 微處理器）以及民間通信傳輸協定（包括 TCP/IP），日後能迅速而方便地進行升級，使用 Unix 作業系統，應用程式使用視窗圖表操作介面。電子作戰部分，鮋魚級配備 Thomson-CSF 的 DR-3000U D/K 頻電子支援系統或 EDO Reconnaissance Systems 的 AR-900 電子支援系統。鮋魚還配備整合式導航系統(Integrated Navigation System，INS)，綜合 GPS、航行紀錄、深度、艦體姿態、周遭環境感測(包括周遭海水溫度與密度等)等資料。(參考圖 3.4)

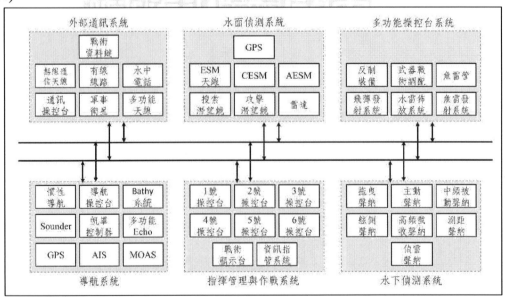

圖 3.4：法國 DCNS 公司所設計的 SUBTICS 潛艦戰鬥系統組成

# 德國 212A 型潛艦

德國 212A 型的戰鬥系統系自行發展使用高性能資料匯流排、分散式架構，採用挪威康斯堡航太防衛公司(Konsberg Defence & Aerospace，KDA)的 MSI-90U 基本武器指揮控制系統(Basic Command & Weapons Control System，Basic CWCS)為設計基礎，改良後成為ISUS-90-20整合感測水下系統( Integrated Sensor Underwater System，ISUS )，該系統採用全分散架構，與各作戰裝備高度整合， 利用高性能資料匯流排將艦上的武器系統、聲納以及導航等連結在一起運作。(參考圖 3.5)

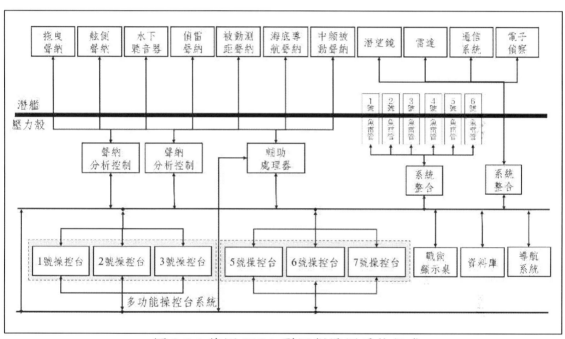

圖 3.5：德國 212A 型潛艦戰鬥系統組成

# 俄羅斯「阿穆爾級」潛艦

相較於西方的德國潛艦科技，俄羅斯向來獨樹一格，因此其設計完全針對單獨專案所設計，其最先進的「阿穆爾級」(Amur-class)系列潛艦，自動控制系統為確保對潛艦進行集中而有效的操控，可從潛艦主控室的操作儀表板上控制機械設備和武器裝備，用於獲取外部資訊的無線電電子裝置可以通過一個特殊的通用艦艇資料交換系統連接在一起，這一系統可以最快的速度自動傳輸、更新、分析從各種感測器獲得的資訊，最終將有關資訊全部顯示在操控台的儀表板上，此一設計措施不僅能夠確保首先發現敵方目標，而且還能夠搶在敵方攻擊資料輸入系統前的 15 秒，即可發動

實施攻擊。以俄羅斯 677 型潛艦為例，其裝備有可伸縮觀察桅和攻擊潛望鏡，觀察桅可裝備電視攝影鏡頭、紅外線成像儀和鐳射測距儀，可保證在任何時候進行觀測，攻擊潛望鏡具有目視和低可見光電視通路，多用途潛望鏡採用了非穿透耐壓殼技術。複合導航裝置包括一部小型慣性導航系統，可保證航行安全並確定發射導彈所需要的潛艦運動參數，該系統可完成自動標圖和航行問題等，比較特別的是該系統不僅可接收衛星導航系統 GPS 和 Glonass 的信號，其無線電通信裝備包括一部可釋放的無線電天線，可在水下 100 公尺深度接收，在無法被偵測情況下，快速接收通訊指令和相關資訊。(參考圖 3.6)

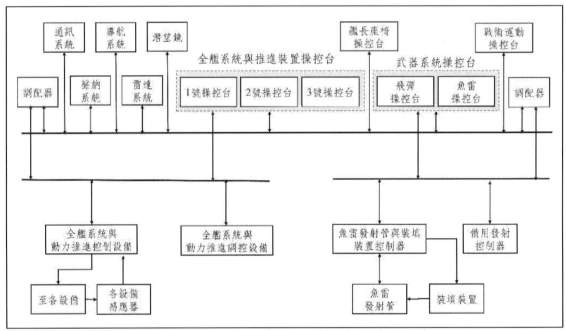

圖 3.6：俄羅斯阿穆爾級潛艦戰鬥系統組成

雖然各類型戰鬥系統的操控台(基本約 4 至 7 部)，結構相同且資訊彼此共享，但在不同作戰狀況運用時，所負責管理的職能也有所不同，以法國的 SUBTICS 戰鬥系統為例，其操控台的任務配置方式如表 3.2

表 3.2：法國潛艦 SUBTICS 戰鬥系統不同戰況下操控台的任務配置

| 狀　態 | 1 號操控台 | 2 號操控台 | 3 號操控台 | 4 號操控台 | 5 號操控台 | 6 號操控台 |
|---|---|---|---|---|---|---|
| 水面 | 電子偵察 | 情報處理 | 雷達顯控 | 通信偵查 | --- | --- |
| 潛望鏡深度 | 電子偵察 | 雷達顯控 | 戰術指揮 | 搜索潛望鏡 | 通信偵查 | --- |
| 水下偵巡 | 聲納顯控 | 聲納顯控 | 情報處理 | 戰術指揮 | 聲納顯控 | --- |
| 水下攻擊 | 聲納顯控 | 武器控制(魚雷) | 情報處理 | 戰術指揮 | 武器控制(飛彈) | 聲納顯控 |

## 第 3 章 潛艦戰鬥系統基本概念

## 各國潛艦戰鬥系統的特點

綜合以上各國潛艦戰鬥系統,其功能、組成和系統結構布局,分析諸多的特點如下:

一、綜合處理和運用聲納與非聲納的感應裝置資訊或數據,快速形成作戰動態的呈現;

二、支援對海和對路的精準打擊,綜合控制整體武器打擊能力;

三、支持網絡中心作戰,協同海空聯合作戰任務打擊;

四、採取開放式系統結構,提升後續迅速升級的能力;

五、作戰指揮系統先進,考量人機介面設計。

## 潛艦戰鬥系統的資訊處理與整合

而潛艦綜合指揮和火力控制的典型過程為:接收相關訊息,完成綜合情報處理,獲得統一的戰術態勢,進行水文環境分析、協助指揮官完成攻防決策,確定攻防方案,完成目標運動要素的解算,調整各武器裝備控制和設備設定,完成武器參數設定輸入魚雷、飛彈或水雷等,備便後續綜合防禦過程等。

就資訊的處理和整合:係指針對來自眾多平台和系統的感測器的資訊,進行「多級別」、「多方面」和「多層次」的處理,並進一步整合成為更為有用的資訊;而這種整合後的資訊是任何單一感測器所無法獲得的;在軍事領域中,資訊整合主要包括了「探測」、「關聯」、「相關」、「目標識別」、「態勢描述」、「威脅評估」和「感測器管理」等等;潛艦的戰鬥系統執行資訊整合的目的,就是提供指揮官「完整、清晰、準確」的戰術圖象,因此要提高潛艦的綜合作戰能力的關鍵技術之一,是潛艦作戰指揮決策的基礎。潛艦主要的感測器所能夠獲得的資訊各有不同(參閱表 3.3)。

表 3.3:潛艦主要偵蒐裝備所獲得的資訊

| 偵蒐裝備 | 工作方式 | 獲得資訊 |
|---|---|---|
| 綜合聲納 | 主動/被動 | 方位、距離 |
| 舷側聲納 | 被動 | 方位、距離 |
| 拖曳是聲納 | 被動 | 舷角 |
| 偵察聲納 | 被動 | 方位、頻率 |
| 電子截收裝備 | 被動 | 方位、頻率 |
| 雷達 | 主動 | 方位、距離 |
| 潛望鏡/光電桅 | 主動/被動 | 方位、影像 |

由於潛艦在水下隱匿作戰的特性,其所探測資訊具有下列特點:

一、潛艦水下探測,為求自身的隱匿,主要採取被動方式,所獲得主要資訊為「方位」,因此可觀測性較差,定位相當困難;

二、潛艦水下探測,主要依賴被動聲納,相較於雷達、光學感測器等,所獲得的資訊精確度較差,分辨率也相對較低;

三、海洋水文環境變化並非均勻,水下聲納感測器存在方向性的變異,也存在不同的盲區;

四、水中聲音的傳播速度非線性,亦隨著水文變化而時刻改變,因此聲納對於目標追蹤精確度,受到敵我相對運動態勢、海域條件、水文環境等的影響,具有複雜的時變性;

五、由於拖曳式陣列聲納可能佈放長達數百公尺,因此隨這潛艦運動和海洋湧浪、水流的影響,存在左右舷模糊性,所獲得的資訊處理和整合相當不容易;

六、被動聲納的偵測高頻高能量的脈衝訊號,取決於目標拍發主動聲納的距離與間隔,存在隨機性和不連續性,在處理與整合上亦較為困難;

七、在綜合訊息處理和整合生成敵我態勢的過程,必要時需要人員的介入、判斷和篩選,此成為潛艦作戰資訊處理的特點。

潛艦獲取目標資訊的主要來源就是「聲納系統」,依據不同功能所設計裝配不同形式的聲納,以至於潛艦能擁有多源的聲納資訊,計有:「艦艏聲納」(又稱為中頻環型聲納或球型聲納)、「拖曳式聲納」、「高頻截收聲納」(或稱為偵查聲納)、「測距聲納」、「舷側聲納」、「通信聲納」、「偵雷聲納」和「避碰聲納」等。潛艦的聲納信號處理的基本流程,如圖 3.7。

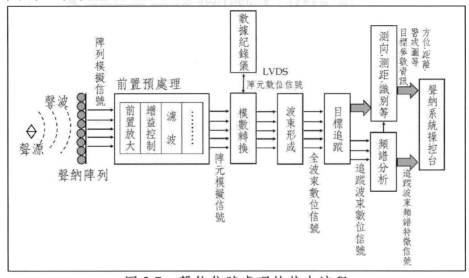

圖 3.7:聲納信號處理的基本流程

# 第 3 章 潛艦戰鬥系統基本概念

近年來，世界各國先進潛艦紛紛將傳統的搜索潛望鏡或是攻擊潛望鏡，改為光電潛望鏡，並列為標準配備，其原因在於光電潛望鏡具有下列優點：

一、光電感應器(如高解析度的電視影像)的顯示辨識率，相較於人眼幾乎性能更好更優越；

二、光電潛望鏡輸出的視頻信號、圖像和數據，真實性強，信號量大，可以完整崁入整體戰術影像顯示，提供指揮官更為清晰的分辨和觀察，以提供作戰態勢的生成能力；

三、光電潛望鏡的升降快速，可對空自動方位和俯仰進行快速掃描，相較於人員操作更為簡單、精確、有效率，不僅可大幅縮短降低曝露的時間，而且所獲得的大量資訊和圖像，可以即時儲存和重現，逐步的仔細分析；

四、光電潛望鏡所儲存的大量資訊和圖像，可以運用於後續的人員訓練與場景重現。

現代潛艦戰鬥系統的資訊整合，幾乎涵蓋了所有軍事範疇的「指揮」、「控制」、「通訊」、「計算機」、「情報」、「監視」和「偵察」(C⁴ISR：Command, Control, Communication, Computers, Intelligence, Surveillance, Reconnaissance)於系統之中，這形成了潛艦戰鬥系統的特殊組成結構，潛艦典型資訊整合處理架構，如圖 3.8。

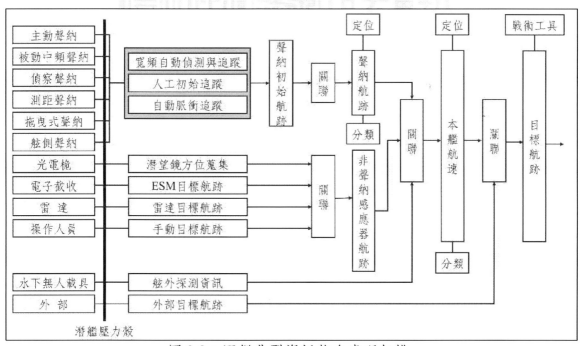

圖 3.8：潛艦典型資訊整合處理架構

　　整個潛艦戰鬥系統的整合處理技術，是屬於一種開放的混合式的複雜組合結構，其包含基礎的「有序分層資訊整合模式」和「本身各類資訊整合典型架構」，再藉由「多平台資訊整合處理架構」進行完整、精確解算、輸出數據，請參閱圖 3.9(a)、3.9(b)、3.9(c)。

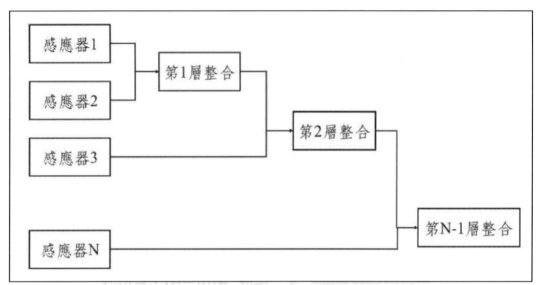

圖 3.9(a)：有序分層資訊整合模式

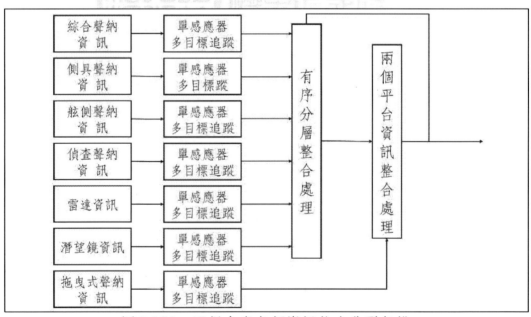

圖 3.9(b)：潛艦本身各類資訊整合典型架構

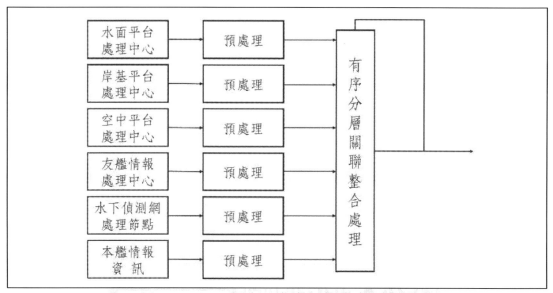

圖 3.9(c)：潛艦多平台資訊整合處理架構

　　潛艦戰鬥系統經由各個感測器蒐集多源資訊，經過整合處理分析輸出後，另一個較困難的問題，就是「目標綜合識別」；潛艦必須進行識別目標的種類眾多複雜。依據屬性分別有：「敵、我、友、中立」；依據用途分為：「軍事」和「民用」；依據類型分為：「陸地」、「空中」、「水面」、「水下」和「太空」等多維空間；根據美國國防部接口標準 MIL-STD-252555B 文件中，將水面目標對應的種類定義如附圖 3.10，將水下目標對應的種類定義如附圖 3.11，依據這樣的定義分類之後，再加上針對目標所精確分析的型式和舷號，這樣的方式在系統辨識目標時會相當豐富，但依據這樣的模式進行辨識定義，基本上應對實際平台上的運用確實相當務實的。

　　最後，潛艦目標綜合識別的層次分析結構如圖 3.12。

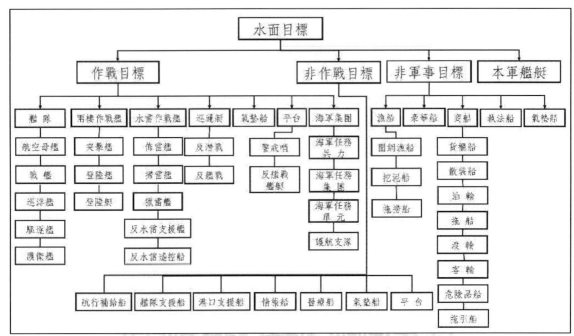

圖 3.10：水面目標識別分類

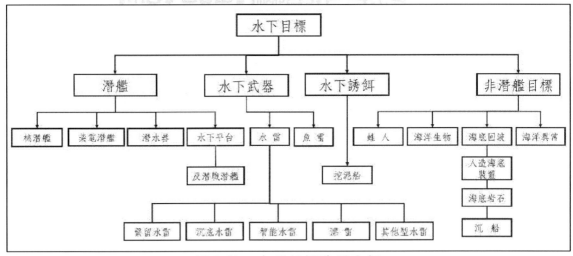

圖 3.11：水下目標識別分類

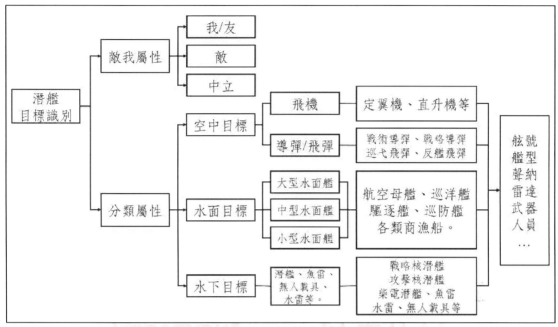

圖 3.12：潛艦目標綜合識別的層次

　　潛艦目標經過清楚的分類和定義之後，戰鬥系統的內部綜合目標識別處理計算，分別會進行三個階段的多工同步之運算、整合和比對的過程，分別是「數據級整合」、「特徵級整合」和「決策級整合」，參閱圖 3.13(a)、3.13(b)、3.13(c)；典型的潛艦整體目標綜合識別結構分析，如圖 3.14。

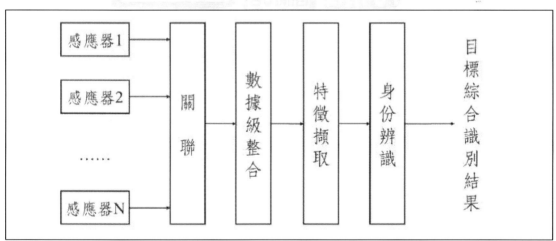

圖 3.13(a): 綜合目標識別處理結構-數據級整合

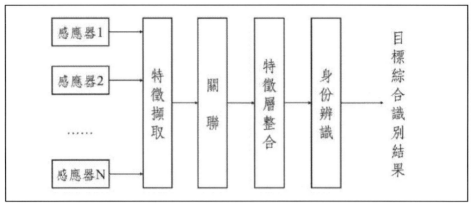

圖 3.13(b): 綜合目標識別處理結構-特徵級整合

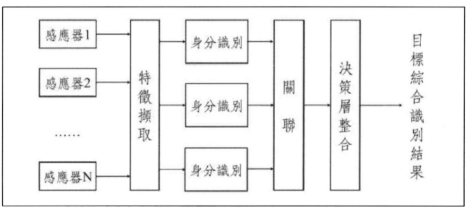

圖 3.13(c): 綜合目標識別處理結構-決策級整合

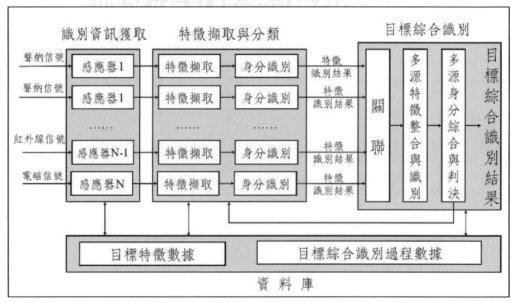

圖 3.14：潛艦目標綜合識別結構

# 現代潛艦戰鬥系統關鍵技術的發展趨勢

　　現行世界潛艦戰鬥系統的發展趨勢，由傳統的作戰模式轉變為資訊化作戰模式，而主要的建構概念圍繞在「網絡中心作戰」的主體理念思維，特別是面對多兵種的聯合作戰需求，潛艦作為水下的重要戰力，為了適應新的作戰環境需求，自然也就相應改變發展趨勢，依據階層與功能可區分為六大區塊：

一、潛艦資訊整合技術的發展趨勢：

(一)分布式的資訊整合：

　　潛艦傳統式的資訊整合系統多採取「集中式」的架構，但是隨著水下網絡中心作戰，顯示出「集中式」架構的缺點和不足，因此逐漸轉向採取「分布式」的「單節點多源資訊網絡中心整合」架構，但這也引發在設計和技術上的挑戰，譬如：共同資訊節點對於重複性重疊性的資訊所產生的誤差、如何區分節點輸入資訊時的相同性和差異、以及輸入節點資訊的多元類型區別的特徵差異等等；且「分布式」的架構，非常依賴網路的結構功能和流程的順暢，任何的運作解算阻礙，都可能影響整合的速度和結果，特別是網路結語節點之間的同步傳輸和整合，因此也應運而生各種更進一步的結構以作為補償修正，如：針對結構部分產生「多層次結構、局部分布結構、全分布結構」等，而針對資訊傳輸部分產生「有回饋、無回饋、部分回饋」等方式，而其都各有優缺點。

(二)「大數據」的資訊處理：

　　隨著水下聽音器信號處理技術和水下網絡中心技術的高度快速發展，單一分析平台所接收到的資訊量越來越大、越來越無法負荷，如所偵蒐的目標方位資訊、聲納所獲得類比音紋和數位視頻資訊、圖像資訊、雷達電磁資訊等；而網絡所能獲得的範圍也不同日而語，由傳統 $C^4ISR$、衛星、預警機、無人機與水下網絡探測系統等；潛艦的資訊整合如何面對這樣龐大的資訊量的分析解算，體積小、速度快和精準度高是發展趨勢關鍵。

(三)向高層次資訊整合發展：

　　潛艦傳統式的資訊整合系統主要多著重於針對目標的追蹤，運動諸元的分析解算，所形成的資訊整合多屬於低層次第一、二級的資訊處理，而對於需要考量潛艦指揮官的素質經驗、分析評估與其所屬知識輔助其作戰指揮的高層次資訊整合明顯不足；現今的潛艦作戰系統，開始著重於對於「作戰態勢的分析」、「作戰意圖的預測」、「威脅的即時判斷」等資訊的整合，以提高潛艦指揮官的決策能力，避免瞬時失去戰機；因此產生若干大量的研究，如交互式作戰形態預測技術、作戰指揮知識邏輯分析法、經驗與數值數據綜合威脅評估方式等。

二、潛艦偵搜目標綜合識別技術的發展趨勢：

　　　　潛艦對於目標的識別技術，向來是世界各研發潛艦國家視為重要關鍵的項目，對於形塑戰場動態，作戰分析和威脅評估具有不可或缺的作戰價值。隨著潛艦裝備資訊化、智能化之後，以及它的多介質的來源，如：水中音響、無線電波、紅外線信號、可見光等等，為綜合整理這些資訊，潛艦偵搜目標綜合識別技術的發展趨勢有下列幾個方向：

(一)音紋特徵的擷取處理技術：

　　潛艦對於偵搜目標綜合識別技術，音紋的識別仍然是主要方法和手段，然而針對不同目標所收集的聲音，還必須經過擷取技術處理，才能成為該目標的音紋特徵，而擷取技術處理的精準性與比對速度，決定了識別能力的高低。

(二)特徵選擇與優化處理技術：

　　目前潛艦偵搜目標綜合識別技術的發展重點，為多重來源多種特徵的綜合處理，由於目標特徵經過維修、時間、換裝或其他意外因素毀有所改變，因此在不同介質來源的特徵因素經過篩選與優化處理，使之成為較為不易因變動而無法辨識比對的問題，也就格外的重要。

(三)智能辨別特徵處理技術：

　　經由神經網絡與人工智慧的設計，使得潛艦識別目標有了逐步學習的能力，對於同一目標不同時間不同次數的多重資料累積，相對加速對目標辨識的能力和精確性；近年來，對於向量運算技術、多種分類器組合、融合處理技術、重採樣技術得研究等，以及工程應用領域的專家系統、模組匹配等，都是主要的研究主流。

(四)目標資料回饋方式的綜合識別處理技術：

　　此概念係一反傳統對於目標綜合識別的方式，認為識別不應該是一個標準作業的程序，而是對於多元多源的資訊，在分析的過程任何節點出現驗證衝突時，即進行迅速的反饋修正，反饋的修正可以經由自動修正或是半自動人工修正，目的就是盡快解決驗證衝突，不斷地進行各種形式的反饋修正後，直到精準辨識成功為止。

(五)數據庫的建立與運用：

　　潛艦偵搜目標的識別能力，最後都要依賴大量的資料庫的資料累積和管理，以美軍為例，其潛艦辨識目標不僅是型式、類別、國家，竟可達到單艦的舷號；其原因就在於大量普遍的蒐集，經由特定的單位負責分析進行篩選，然後建立起大資料數據庫，針對所需情報單位或艦艇的必要需求，頒發提供下來使用。

三、潛艦針對目標運動解算技術的發展趨勢：

# 第 3 章 潛艦戰鬥系統基本概念

「目標動態分析」(TMA, target motion analysis)向來就是潛艦軍官的基本功夫和素養，在第一、二次世界大戰時代，潛艦對於目標的運動解算，均採取目標均衡速度和航向計算，其中可能的變化完全依賴潛艦艦長的數理概念和經驗值判斷，之後才有了機械輔助解算，然而這樣基礎解算隨著數理研究與科技的發展，完全交由電腦快速執行；潛艦對於目標解算，彷如盲人聽音辨位，在大海中只聽到遙遠的目標聲音，經由潛艦自身緩慢的移動，基於三方定位原理，經由戰鬥系統解算出方位、距離，甚至深度，在持續追蹤進行修正；現代先進的潛艦戰鬥系統憑藉龐大的電腦運算能力，能更更多元的接收不僅僅是聲納獲得的目標資訊，能夠接收更多源的資訊進行解算，目前世界潛艦對目標運動解算技術的發展趨勢有三：

(一)接受更寬廣的資訊來源，經由運算技術提高解算的能力，並盡可能縮短解析的時間：

基本的原理就是吸收更寬廣的目標資訊來源，經由先進電腦與優化的程式計算進行目標運動分析，藉此換取時間與空間的相對優勢。

(二)強化海洋環境資訊的運用，有效解決遠距離目標的定位與追蹤的問題：

現代先進的潛艦更強調齊全區域的作戰能力，無論對於深海或是淺海，都必須以能力建立起目標運動與作戰環境的分析能力，畢竟深海與淺海的環境決然不同，其存在海底噪音反射、層次深度、匯音區，環境音場繞射等區別，解算系統必須有效地在不同的作戰海域執行分析。

(三)潛艦內、外的多源感測器同步協調，提高對目標作戰環境建構解析的能力：

基於作戰環境的態勢瞬息萬變，潛艦作戰的目標、行動方法和時間也會隨遭受影響而必須改變，因此潛艦有必要藉由內、外的多源感測器，進行同步的整合協調，能夠快速地建立起完整的目標戰場環境數據。

四、潛艦武器控制技術的發展趨勢：

潛艦使用的武器由原本的魚雷，逐漸發展到潛射飛彈、潛射巡弋飛彈和戰術導彈，攻擊距離由 10 海浬、50 海浬、100 海浬、500 海浬、逐漸推展至 1,000 海浬以上，因此對於潛艦武器控制技術的發展，也產生了更強大的需求：

(一)利用外部平台獲的資訊增強潛艦的攻擊距離：

隨著先進潛艦將各型式不同的聲納功能進行整合，將已朝向多功能綜合化的光電桅納入，並逐步引進水下無人載具(UUV)和水下各類型偵測系統，強化了潛艦內部獲得攻擊目標的資訊；之後再發展建立外部衛星通信、超低頻通信、數位資訊鏈等系統裝備，藉由岸置基地指揮體系、海上航空母艦編隊、空中預警機等提供即時資訊，建立起一體化空、天、海、水下的資訊網絡系統，使得

潛艦發射武器的範圍和距離得以發揮到極致。

(二)針對複雜目標的多種武器控制：

現代潛艦的攻擊目標非常複雜，由最基本的水面作戰艦和潛艦，拓展到路必目標、武裝恐怖分子，甚至是空中反潛機；而針對目標的攻擊，也不在是緊緊使用魚雷，可能會同時使用魚雷、潛射飛彈和巡弋飛彈進行複雜型式的飽和攻擊，因此也強化潛艦戰鬥系統對武器管理和控制的複雜性。

(三)運用海洋環境資訊，提高武器控制導航的精準度：

由於對於海洋環境偵測技術的發展迅速，能夠建立起龐大有效的海洋環境資料庫，藉此提供潛艦有效的環境資訊利用，竟能夠操控先進線導魚雷進行類似飛彈的沿地貌飛行的能力，可以在海洋環境規劃魚雷攻擊目標的行進路線。

五、潛艦綜合自衛防禦技術的發展趨勢：

(一)強調潛艦綜合防禦自衛系統的自動反應能力：

由於現行攻擊潛艦的魚雷也逐步提升，在性能、噪音和速率方面，已經不是傳統潛艦自我防衛系統所能夠反應的能力，因此現行的潛艦防禦自衛系統的發展，逐漸朝向綜合防禦(聲音、電磁、氣泡)，以及針對來襲資訊迅速整合立即自衛自動反應的能力發展。

(二)強化解析威脅目標的資訊處理，提供魚雷來襲早期發現和預警的能力：

現行的潛艦防禦自衛系統的發展，已經完全融入整體作戰系統的整合之中，而非獨立單位系統，所有的資訊分析來源，均與戰鬥系統即時共享。

(三)積極發展潛艦反應魚雷的軟、硬殺能力：

現代潛艦可以採取反魚雷攻擊的方式和手段，也越來越多元化，軟殺方式可以分別使用「聲音誘導」、「電磁欺騙」和「氣幕遮蔽」等方式，也可同時運用；就硬殺的部分則是各種類型的反魚雷研發。

(四)發展潛射防空飛彈：

潛艦最大的威脅莫過於空中定翼反潛機或是反潛直升機，過去當潛艦自身暴露遭敵方海、空兵力偵獲，最大威脅就是來自空中的攻擊，但是現今的潛艦對此可能已經不是弱勢，當遭受空中威脅之時，在空中為發動攻擊之前，潛艦就有能力先對空中目標，以防空機砲或飛彈發起攻擊。

六、潛艦戰鬥系統與遠端指揮控制水中無人載具技術的發展趨勢：

隨著無人載具的科技發展，對於軍事作戰的模式也發生了激烈的變革，水下無人載具的發展和運用也就越來越多複雜多元，水中無人載具基於平台體積小、操作運用靈活、可以形成「多功能模組化」、「執行多重不同任務型態」、「遠端操作人員承受被攻擊的風險低」、「設計和製造價格低廉」、「可研發的空間度高」等

等的優點,世界上許多擁有潛艦的國家,均開始依據其自身的需求開始研發不同
大小的水下無人載具,因此結合了潛艦的作戰系統,水下無人載具作戰平台(UUV)
也成為發展的主流的趨勢:

(一)整體設計的「標準化」和「模組化」:

為了提升水下無人載具的性能,在使用的方便性和通用性,降低研發過程的風
險,節約研製的經費,縮短研製的時間,確保快速的量產;水下無人載具整體
發展多採取標準化與模組化的方式,在水下無人載具研製的過程,依據內部機
械、電氣、軟體控制的規格需求,分模組進行整體的布局和結構優化方式進行
設計,每個系統和次系統都可以根據其功能需求的特性與協調性進行分析結合,
藉此提高水下無人載具的性能整合能力,能夠廣泛適合任何多重的任務型態。

(二)高度智能化的研發:

由於水下無人載具的工作環境非常複雜,且存在許多海洋中還不可預知性,因
此如何提高水下無人載具自我的預測能力和自我學習的能力,具備前瞻性的智
能系統(AI),即成為發展的關鍵重點;現行新一代的先進水下無人載具,採取
多種偵測和識別的方式相互結合,來提升對環境感測和目標識別的能力,以更
智能的運算分析處理進行整合,以控制其運動路徑和規劃決策,協助水下無人
載具在面對複雜的海洋環境許多隨時變動的風、浪、流、壓力等因素的干擾與
挑戰;以海流為例,流速大小、方向和時間的複雜變化,都會嚴重干擾水下無
人載具運動的路徑和任務的執行,甚至很可能因碰撞而損毀,因此具備智能的
分析預判能力就格外的重要。

(三)高效率、高精準度的導航定位:

雖然水下傳統的慣性導航方式,隨著裝備精度和演算法的優化,不斷提高水下
導航的精準度;不過,隨著時間差所不斷的誤差累積,仍然是必須解決的問題,
因此水下無人載具在執行任務的過程還是必須不斷的修正其位置的精準度。雖
然現行的「全球衛星定位系統」(GPS),非常容易取得,但是也容易遭到干擾、
封鎖或斷訊,造成資料鏈結的不穩定,任務完成能力不確定,且水下無人載具
在上升至水面接收 GPS 信號之時,亦容易因此暴露而遭捕撈或破壞。因此,
水下無人載具自身必須設計另外穩定的導航系統或模式,現行有如:海底地形
地貌追蹤導航、海底地形匹配比對式導航、重力與地磁匹配式導航和其他地球
物理分析導航方式等。其中以海底地形匹配比對式導航搭配足夠精準可隨時更
新的海底電子地形圖,所提供的效率為最高。未來水下無人載具的導航發展趨
勢,將形成傳統與非傳統的方式相互結合,形成效率高、穩定可靠,並具備綜
合補償修正功能的智能性導航系統。

(四)運動方式的控制：

水下無人載具的運動控制，包含了自身的運動型態、潛艦操作執行和資訊感應傳輸裝備的綜合控制，水下無人載具存在六度自由空間的運動(上下、左右、前後)，具備明顯的非線性和交織耦合性，需要設計一個集成整合的運動控制系統來確保水下無人載具的運動和定位的精準度，該系統必須集成資訊整合、錯誤判斷、故障排除和容錯策略分析的技術能力。但由於水下無人載具的環境複雜度，其運動的時變性確實很難建立起精準的運動模型，因此採用人工神經網路技術和模糊邏輯推理控制技術，就顯得非常重要。模糊邏輯推理控制器，設計簡單、穩定性佳、但是在實際的運用中，由於模糊的變量眾多、參數調整很複雜、需要耗費大量時間，所以需要與其他控制器搭配整合使用，如 PID 控制器、人工神經網路控制器等等。其中人工神經網路技術的優點就是在考量水下無人載具的非線性和交織耦合性條件下，能夠辨識追蹤並學習自身運動和外部環境的即時變化，如何提高對此類變化因素的「反應時間」，就成為確保水下無人載具的安全性和精準度的關鍵。

(五)偵測識別的能力：

水下無人載具的偵測識別來自其對環境的「視、聽、觸」覺，視其與外部環境資訊交流的基本處理方式，目前水下無人載具的偵測識技術，已經可以經由「聲音感測器」、「微光電視成像顯示」和「雷射成像技術」來處理。「微光電視成像顯示技術」所產生的圖像資訊清晰度和分辨率都比較好，但是其成像的資訊品質，嚴重受海水的能見度所影響，因此在實際運用時可識別的距離明顯較短，運用範圍大幅遭到限制；而「雷射成像技術」在近年的積極發展，其成像儀的體積、重量、所需電力和消耗的功率都明顯大幅改善或降低，已經達到水下無人載具可以採用的等級，其成像的資訊品質，遠遠高於聲音感測器，相較微光電視成像顯示技術，其能夠偵測的距離也比較遠且能夠提供較精準的距離、方位和座標等綜合資訊。不過，目前聲音感測器的成像技術仍然有一定的水準，且其偵測的距離較遠，因此還是現行採用的主流方式。然而，依據水中所接收資訊類型的不同，概可區分為兩類：即利用「聲音反射的回波偵測識別」和「聲納視頻圖像偵測識別」。「聲音反射的回波偵測識別」的基礎技術理論就像是在空中利用雷達回波偵測目標識別，這自 20 世紀 60 年代起，就廣泛應用在海岸的預警雷達系統和水下聲納目標分類系統，通過回波的強度、頻譜、回跡等特徵，對目標進行識別；然隨著水中聲學技術的發展，「聲納視頻圖像偵測識別」逐漸成為現行的主流，不過仍然有諸多的侷限性，由於聲音在水中的傳播效率遠比無線電波在空氣中要差的多，目標在各種變動的環境噪音的影響之下，所

獲的資訊成像品質可能會很差,因此也就加大對目標辨識的難度。為了提高成像的辨識率,遂採用高頻率的聲納系統,現行使用頻率已經達到百千赫茲,但是也又再產生另一個限制的難題;因為聲波在水中是沿三度空間立體方式擴散的,而海水對於聲波能量的吸收是隨著聲波中心頻率的增長呈現二次方增加,海水對於高頻聲波能量吸收的較高因此形成大幅度衰減,導致遠距離目標不是成像品質不佳,就是有效偵測距離被縮減,這個困難目前仍然不能完全解決,但大多以軟體程式針對所獲得的資訊作交叉式的解算補償來獲得較清晰辨識率較高的目標圖像。而「雷射成像技術」的優點存在「辨識率較高、資訊量豐富、偵測距離遠」,未來很可能即將成為主流的應用技術和裝配。

(六)蜂群協同的操作概念:

由於單一水下無人載具的能力有限(除非超過千噸以上的大型水下無人載具),面對多元複雜的水下環境和任務型態,因此必須採取「模組」和「分工」的方式來集體行動提高效率。水下無人載具可以藉由所建置大範圍的水下通訊網路系統完成「整體的資訊整合」與「群體的行動控制」,實現多數群體水下無人載具的「彼此聯繫、協同決策、行動管理、共同偵搜與聯合打擊」等,而這樣的軍事用途,已經受到世界各先進國家的重視,並投入大量的人才和資金進行研發,在未來很可能將嚴重衝擊傳統水下的「潛艦和反潛」概念,完全扭轉水下原有的優劣態勢,此可能掀起的「水下作戰軍事革新」,實在值得拭目以待!

# 第 4 章 潛艦武器攻擊概念與命中概率

　　過去由於潛艦對目標的資訊不足與不精確，因此潛艦發射魚雷攻擊也成為一門非常需要計算科學的學問。

　　潛艦以魚雷攻擊目標的基本三角概念(如圖 4.1)，假設目標於 T 點以速率 $V_T$ 沿方向以 $C_T$ 均速直航，潛艦於 O 發射魚雷以 Vt 速率沿 Ct 直航，於 A 點命中目標(參閱圖 4.1)。

T：潛艦發射魚雷時的目標位置點，簡稱為「瞄準點」。

O：潛艦發射魚雷的位置點，簡稱為「發射點」。

A：魚雷預計擊中目標的位置，艦稱為「命中點」。

$D_o$：潛艦發射魚雷時與目標的距離，簡稱為「射距」。

$Q_T$：潛艦發射魚雷時，目標與本艦的相對位置目標角，其值-180°至+180°，負值為左舷角，正值為右舷角，簡稱為「目標角」。

θ：魚雷擊中目標的碰撞角度，它是目標航線與魚雷航線反方向線所成的夾角，其值也分左右自-180°至+180°。

φ：魚雷預置角，係魚雷根據目標運動的方向和速度,解算出預定攻擊碰撞點的角度。

　　依據此攻擊三角形(OTA)解算，由正弦函數定律可得：

$$\frac{\sin\varphi}{mSt} = \frac{\sin Q_T}{St}$$

$$\varphi = \arcsin^{-1}(m \sin Q_T)$$

　　過去的潛艦由於僅能使用直航魚雷，因此對於目標行「航向、速率、距離、艦長大小」必須以目視進行精算，並採取 2 枚以上的魚雷「扇形齊射」的方式增加命中率；直航魚雷扇形齊射的間隔(參閱圖 4.2)，其「扇形齊射角度」計算如下(dz 為兩枚魚雷的間隔距離、St 為魚雷航程)：

$$\alpha = 2 \arctan \frac{dz}{2St}$$

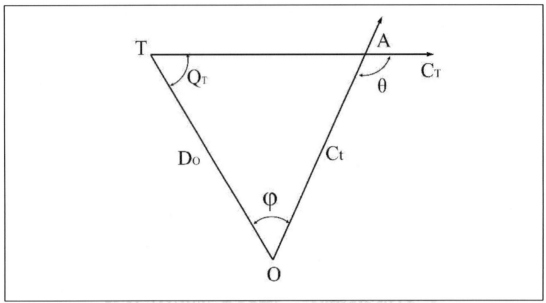

圖 4.1：潛艦魚雷攻擊目標的基本三角概念

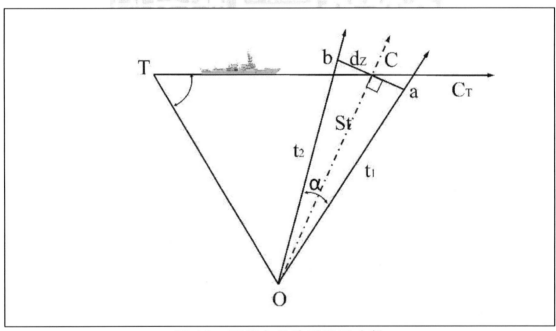

圖 4.2：潛艦魚雷扇形間隔攻擊

　　當魚雷技術逐步發展裝配了自行搜索導引的聲納之後，魚雷就有更寬廣的緩衝區域(P 點為魚雷聲納可搜索到目標距離點)，如圖 4.3。

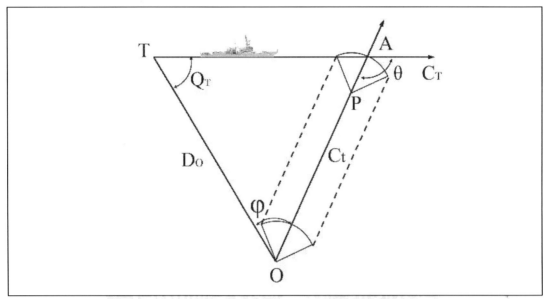

圖 4.2：潛艦聲納自導魚雷攻擊

　　由於水面艦艇航行時，在其後方由於車葉與海水的攪動會產生特殊的航跡，此稱為「艉流」，「艉流」的生成可分為「有聲艉流」、「熱源艉流」和「汙染艉流」等混合模式，也就造就魚雷追擊技術的研發，在不同艦型、噸位大小、不同海象，所造成的「艉流」也會有所不同，因此端視指揮官自身由潛望鏡觀測之後的分析素質進行判斷修正，魚雷依據艦船「艉流」攻擊的概念如圖 4.3 和 4.4。

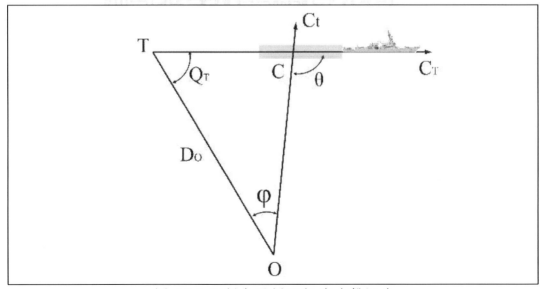

圖 4.3：潛艦魚雷採取艉流攻擊概念

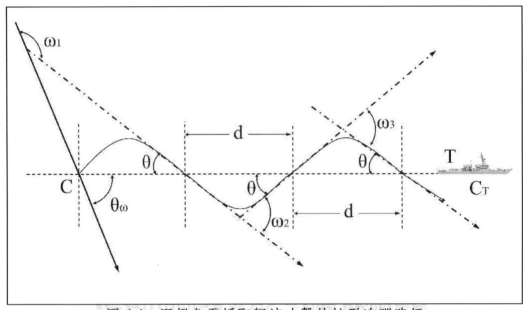

圖 4.4：潛艦魚雷採取艉流攻擊的蛇形追蹤路徑

　　而現行潛艦採取魚雷攻擊，則大多數是用「方位導引法」(bearing rider)，此模式不僅能增加搜索和攻擊的概率，並容易能夠形成「狗追曲線」(dog curve)，如圖 4.5。

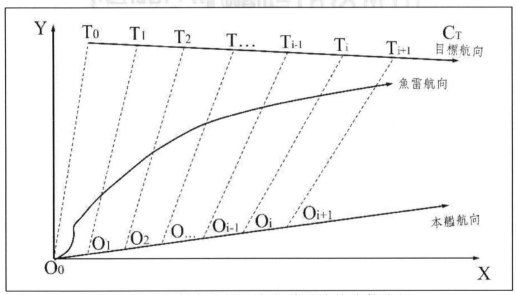

圖 4.5：潛艦魚雷採取方位導引法的攻擊路徑

　　潛艦依據戰場環境採取不同的攻擊模式，也就會產生不同攻擊結果，排除現代潛艦使用線導魚雷操控的方式，因為線導魚雷一旦斷線，就跟傳統魚雷無異，傳統聲納自導魚雷所產生的攻擊命中概率，如圖 4.6。

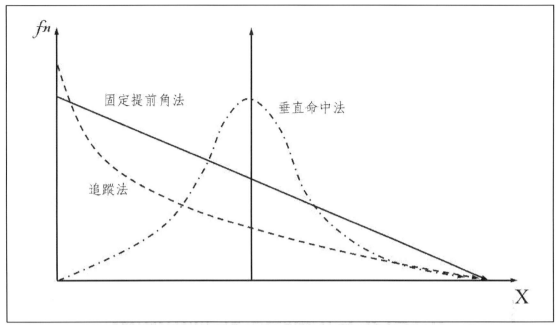

圖 4.6：傳統聲納自導魚雷採用不同模式所產生的命中概率

# 魚雷命中概率

對於目標與潛艦不同運動態勢，以聲納自導魚雷所進行攻擊的命中概率也就大為不同，依據目標的航向、速率、攻擊的距離進行分析，所得的偵獲概算如表 4.1。

表 4.1：聲納自導魚雷針對不同目標的偵獲概率

| 目標距離(浬) | 目標速率(浬) | 目標方位角° | 發現目標概率 | |
|---|---|---|---|---|
| | | | 解析法 | 統計法 |
| 3 | 10 | 10 | 100 | 100 |
| 3 | 10 | 30 | 100 | 100 |
| 3 | 10 | 50 | 99.8 | 99.6 |
| 3 | 10 | 70 | 97.4 | 97.6 |
| 3 | 10 | 90 | 93.2 | 93.6 |
| 3 | 12 | 10 | 100 | 100 |
| 3 | 12 | 30 | 100 | 100 |
| 3 | 12 | 50 | 99.9 | 100 |
| 3 | 12 | 70 | 98.5 | 98.3 |
| 3 | 12 | 90 | 94.8 | 94.6 |
| 3 | 16 | 10 | 100 | 100 |
| 3 | 16 | 30 | 100 | 100 |
| 3 | 16 | 50 | 100 | 100 |
| 3 | 16 | 70 | 99.2 | 99.7 |

| 目標距離(浬) | 目標速率(浬) | 目標方位角° | 發現目標概率 | |
|---|---|---|---|---|
| | | | 解析法 | 統計法 |
| 3 | 16 | 90 | 95.9 | 95.6 |
| 3 | 20 | 10 | 100 | 100 |
| 3 | 20 | 30 | 100 | 100 |
| 3 | 20 | 50 | 100 | 100 |
| 3 | 20 | 70 | 99.3 | 99.1 |
| 3 | 20 | 90 | 95.8 | 95.8 |
| 4 | 10 | 10 | 100 | 100 |
| 4 | 10 | 30 | 99.8 | 99.3 |
| 4 | 10 | 50 | 94.3 | 94.0 |
| 4 | 10 | 70 | 83.0 | 82.5 |
| 4 | 10 | 90 | 72.1 | 72.8 |
| 4 | 12 | 10 | 100 | 100 |
| 4 | 12 | 30 | 99.9 | 100 |
| 4 | 12 | 50 | 96.2 | 97.0 |
| 4 | 12 | 70 | 85.7 | 85.4 |
| 4 | 12 | 90 | 74.1 | 74.7 |
| 4 | 16 | 10 | 100 | 100 |
| 4 | 16 | 30 | 100 | 100 |
| 4 | 16 | 50 | 97.8 | 98.7 |
| 4 | 16 | 70 | 88.2 | 88.7 |
| 4 | 16 | 90 | 75.3 | 75.5 |
| 4 | 20 | 10 | 100 | 100 |
| 4 | 20 | 30 | 100 | 100 |
| 4 | 20 | 50 | 98.2 | 98.6 |
| 4 | 20 | 70 | 88.6 | 88.4 |
| 4 | 20 | 90 | 74.4 | 74.4 |
| 5 | 10 | 10 | 100 | 100 |
| 5 | 10 | 30 | 97.0 | 97.2 |
| 5 | 10 | 50 | 80.8 | 80.2 |
| 5 | 10 | 70 | 64.5 | 64.7 |
| 5 | 10 | 90 | 52.5 | 52.7 |
| 5 | 12 | 10 | 100 | 100 |
| 5 | 12 | 30 | 98.2 | 98.8 |
| 5 | 12 | 50 | 83.8 | 83.8 |
| 5 | 12 | 70 | 66.9 | 66.8 |
| 5 | 12 | 90 | 53.7 | 53.3 |
| 5 | 16 | 10 | 100 | 100 |
| 5 | 16 | 30 | 99.0 | 99.4 |
| 5 | 16 | 50 | 86.9 | 86.5 |

| 目標距離(浬) | 目標速率(浬) | 目標方位角° | 發現目標概率 | |
|---|---|---|---|---|
| | | | 解析法 | 統計法 |
| 5 | 16 | 70 | 69.2 | 69.6 |
| 5 | 16 | 90 | 54.0 | 54.7 |
| 5 | 20 | 10 | 100 | 100 |
| 5 | 20 | 30 | 99.3 | 99.8 |
| 5 | 20 | 50 | 88.0 | 88.9 |
| 5 | 20 | 70 | 69.4 | 69.8 |
| 5 | 20 | 90 | 52.8 | 52.7 |

現今世界先進潛艦均已採用線導魚雷，完全可以依照作戰系統的指令，改變航向、航速、深度和開啟魚雷的主/被動聲納時機，以精準打擊目標，惟一旦導線斷裂，魚雷仍按照原先的參數設定攻擊目標，與傳統聲納自導魚雷的攻擊模式無異。

## 潛射飛彈的攻擊模式

潛艦若要發射飛彈必然會完全破壞隱匿性，因此當決定以發射飛彈攻擊目標(不論是反艦飛彈或是巡弋飛彈)，必然是在制空、制海無慮的情況下執行，因為一旦潛射飛彈推出魚雷管，於浮出水面時會瞬間點火，其會產生巨大的噪音，飛彈出水點火升空之後，即使時間再短暫，在爬高的過程，也非常容易遭敵空中、水面與 C⁴ISR 所偵測到，即使是；進出現在對方的陣列雷達螢光幕上 3 秒鐘的瞬間，仍會有所緊急警示，在水面目標艦啟動反飛彈系統與全艦人部署的同時，隨後空中反潛兵力很快就會臨空攻擊潛艦；若是周遭有敵潛艦跟蹤，當潛射飛彈推出魚雷管產生第一次噪音，潛射飛彈出水時點火產生更大的噪音，的潛艦就會率先攻擊，因此非必要潛艦不會冒險發射飛彈，除非是在具備制空與制海，或者是安全無威脅的海域。

潛艦發射飛彈的時機，其任務類似擔任火力支援的模式，而飛彈發射前均會針對目標戰術運動進行研判，並設定轉折點以混淆潛艦發射點與方位(參閱圖 4.7)。而影響潛射飛彈命中率的關鍵因素有四：「目標距離」、「目標航向」、「目標航速」與「飛彈飛行的時間」，這四個因素在飛彈飛行過程若有劇烈的改變，形成不同大小的「**目標機動散佈區域**」，也就會降低飛彈命中率；倘若預估攻擊的目標可能有不同的航向或是轉向，包含速率的增減，在發前潛艦必須先行考量，所有存在不同的「目標機動散佈區域」，否則不僅會大幅降低命中率，甚至可能沒有命中，或是造成打錯目標；當然也可以增加發射的飛彈數量，以增加可能命中率(參閱圖 4.8)。

因此在發射潛射飛彈之前，必須進行良好的「**攻擊空間規劃**」，應滿足下列條件：

一、攻擊前的「狀態空間」應該能夠反應「戰區環境」的各種資訊，以利評估目標的可能航跡；

二、當「戰區環境」的某先因素改變時，能夠在發射潛及時修正更新，以滿足實際發射的所有需求；

三、能夠根據最後所得的資訊，分析出所有可能的「目標機動散佈區域」。

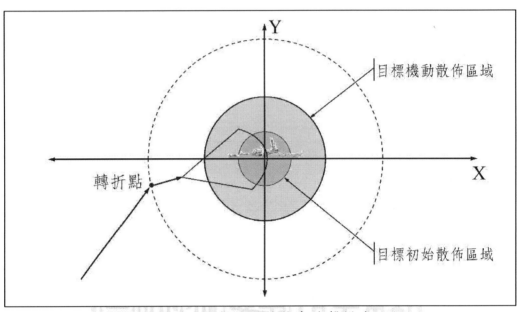

圖 4.7：潛射飛彈的基本攻擊模式

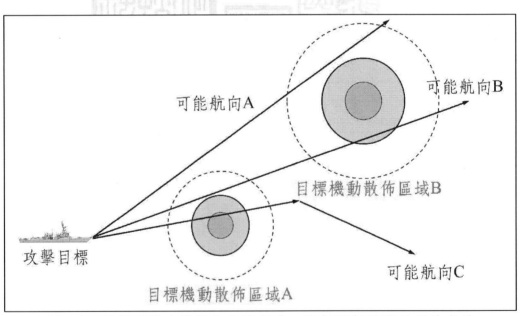

圖 4.8：目標可能改變航向和速率時，發射潛射飛彈必須的考量

# 第 4 章 潛艦武器攻擊概念與命中概率

　　由於潛射飛彈並不是柴電潛艦的主要任務和武器，除非像核動力潛艦攜帶巡弋飛彈擔任火力支援艦任務或戰術導彈者例外，因為這類潛艦能夠在擁有制空、制海或完全安全而無遭敵方攻擊威脅的海域發射，故在此僅簡略說明不予贅述。

# 第 5 章 潛艦迴避與防禦的戰術作為

潛艦不是「天兵神將」，基於軍事戰略、戰術和科技的發展，作為「矛與盾」之間的腳色研發和爭戰，自中華民族悠久的五千年歷史就已經存在了。潛艦基於水中隱匿的優勢，可以對目標發動突襲，但是潛艦在偵搜目標、進而追蹤目標，然後接近目標，最後發動攻擊，在此一連串的過程，只要被敵發現，即由主動轉為被動，潛艦所能做的唯一作為就是立即「轉向脫離、深潛迴避」，別無其他選擇，並且還要同時考量敵可能隨時臨空或快速接近的攻擊，潛艦指揮官必須預想可能的情況，做好防禦或攻擊的準備。

無論是來自空中或是水面的反潛兵力，目前攻擊潛艦的主要武器仍為「反潛魚雷」，當潛艦遭受到魚雷攻擊時距離通常很近(約 5,000 碼以內)，由潛艦所配備的高頻截收聲納發出警報、顯示頻率、方位和距離的時間非常的短暫，以反潛魚雷25節的速率，潛艦能夠反應的時間僅僅約 3 到 5 分鐘；若敵方同為水下的攻擊潛艦，以高速魚雷40 至 50 節的速率，反應時間將更短促，可能只有 1 至 3 分鐘的時間，因此潛艦指揮官(艦長)要如何在此極短時間內，做立即的決策判斷和有效的反應作為，著實是比攻擊目標更嚴厲的挑戰和煎熬。

## 潛艦對於威脅目標的訊號綜合處理

對於潛艦具有威脅能力的反潛載台主要計有：水面反潛作戰艦艇、潛艦、定翼反潛機和反潛直升機，如今可能還要加上空中、水面和水下的無人反潛載具。反潛武器傳統老舊的「攻潛彈」(俗稱刺蝟彈)和「爆震彈」已經淘汰，現今主要則有：艦射、潛射和空投的反潛魚雷，以及預置的水雷等。潛艦必須利用本身的所有感測裝備，在反潛載台攻擊之前，即能獲得所有的行動徵兆，作為在反潛載台進行威脅行動之前的早期預警，為潛艦進行綜合迴避和防禦行動足夠的反應時間，提高對反潛載台進行偵潛與攻擊潛的快速反應能力。當發現魚雷來襲時，對其進行綜合辨識與定位，然後快速制定迴避和防禦的方案，提供做為決策的依據，而這個過程時間將是非常急促短暫。

一、潛艦對於反潛載台的威脅預警：

反潛載台在準備對潛艦進行魚雷攻擊之前，必然會出現一定的行動和徵兆，顯示其有準備進行魚雷攻擊，進而能夠提供潛艦分析和判斷，評估反潛載台的威脅等級。潛艦藉由對反潛載台行為模式的觀測和作戰意圖的推估，判斷其使用武器攻擊的動機和可能性，進而為潛艦建立起反潛載台攻擊的早期預警，為潛艦爭取反應時間，提高潛艦採取迴避和防禦的成功概率。

　　　　威脅評估通常建立在潛艦對反潛載台的綜合「戰場態勢」和「反潛載台的整體資訊」(如反潛載台偵測潛艦的作為和追蹤的行動)，在此其中經由潛艦的戰鬥系統所分析出的訊號特徵，確定反潛載台準備對潛艦發射魚雷攻擊的時機，並且將所有的資訊整合後與資料庫作比對，在分析出該反潛載台的型式、所配備的武器和能力，最後研判其行動的意圖，作為決定該反潛載台的作戰能力、攻潛的速度與可能的威脅時間；當同時存在2個以上的攻潛載台(包含水面與空中)，也必須同時進行分析評估，並區分出其威脅的等級和優先順序。

二、潛艦對於來襲魚雷的識別和定位：

　　　　攻擊潛艦的魚雷主要來自於：潛艦發射的先進線導魚雷或是傳統聲納自導魚雷、水面反潛作戰艦艇發射的聲納自導輕型魚雷、空中反潛直升機和定翼反潛機空投的聲納自導輕型魚雷。這些類型的反潛魚雷的特徵，會因為各國所發展的理念和技術、使用的水文環境而不同，因此存在魚雷的攻擊航進路線、攻擊的戰術和魚雷本身產生的特徵不同；藉由這些存在的差異特徵，潛艦可以進行分類和識別：

(一)魚雷自身輻射噪音所產生的特徵；

(二)來襲魚雷的重量、發射數量和齊射的次數；

(三)魚雷主動拍發聲納的頻率；

(四)魚雷發射載台的類型、方位和距離等特徵；

(五)水文條件和海域的地理環境。

　　　　隨著魚雷智能化的發展，來襲魚雷的航進路徑已經不在是過去的直航，出現若干模式(如：蛇航、狗追、等方位模式等)，原有的分析模式很可能難以應付，因此需要對來襲的魚雷進行持續的定位，以分析其航進路徑的模式，提供作戰系統和潛艦指揮官立即的反應決策。因此，來襲魚雷的距離(亦即位置)對潛艦而言是一個重要關鍵的參數，當出現反潛載台時就要先行定位，立即比對可能武器的類型，分析後續魚雷來襲的可能路徑，以提升可行的反應時間。

　　　　不過，由於各國對於自身魚雷的戰術運用和水下產生的音紋特徵，多列為高度機密，因此在建立辨識能力上，絕對有賴情報蒐集，這不僅僅是魚雷性能的相關機密資料文本的蒐集，對於實際試射都是必然必要蒐集的時機，因此這也就是為何在實彈試射魚雷時，敵方的潛艦或是水面的情報偵蒐艦必然會存在附近的原因，因為所偵蒐的情報資料將是對潛艦資料庫最珍貴的貢獻。

三、潛艦對空中載台的資訊處理：

　　　　現今潛艦的最大威脅都來自空中，無非是反潛直升機和定翼反潛機，一般主力作戰艦都會配備1至2架反潛直升機，如果是航空母艦更可能超過10架以

上，空中反潛載台具有下列特點：

(一)速度快、機動性佳，相對於水面反潛載台和潛艦，其速率快 10 至 20 倍，能夠及時、精準地抵達發現潛艦的位置立即執行偵潛和反潛作業，可以大幅降低潛艦可能逃脫的機率。

(二)偵測能力強，空中反潛載台對潛艦偵測的裝備多元包含目視、雷達、吊放聲納、主被動式聲標、磁測儀等多種手段，對於浮航、潛望鏡航行、呼吸管航行和深潛的潛艦進行偵測。

(三)網絡資訊傳輸的能力強，空中反潛載台可以同時接收自協同飛機、艦艇、潛艦和岸基指揮機制的資訊，快速地組成完整的戰場動態資訊。

(四)執行任務的即時性較好，受潛艦的威脅較小(即使現先進潛艦已經配備機砲與防空飛彈)，反潛直升機可隨時配合水面作戰艦調動，適時擔任編隊的反潛警界與攻擊任務；潛艦比較難以發現空中的反潛機動態，當發現時即使具備防空武器可進行自衛，但也大多會採取迴避措施。

(五)協同反潛作戰的能力強，空中反潛載台的資訊網絡聯繫，相當快速容易，一架發現可同時召喚其他空中兵力或是水面反潛兵力，共同進行協同反潛作戰，反潛的功效和機率將加倍。

(六)可選擇的反潛武器種類多，如深水炸彈、魚雷或反艦飛彈(當潛艦浮航時)，且定翼反潛機的攜彈量較大。

綜上所述，空中反潛載台有很多方式和手段，對具有隱蔽性的水下潛艦安全，造成極高度的威脅；是以目前先進潛艦已將防空機砲或飛彈列為標準配備，並採取迴避和反擊的共同策略與手段，提高潛艦的戰場生存力。因此現今潛艦的防空飛彈武器系統發展技術之一，也就是潛艦對空資訊整合處理技術，其主要的發展方向包含：

一、對空中目標資訊特徵篩選和參數分析技術：

反潛直升機的旋翼所產生的高頻輻射噪音，經由空氣傳導至海水介面時，其部分能量將直接傳導致水下，此高頻輻射噪音的頻譜將產生非常明顯的訊號特徵，即使反潛直升機距離很遠，其信噪比(即目標總能量與噪音總能量的分貝比)較低，但在信號的線性頻譜分析上仍能夠篩選出明顯的特徵作為處理的警訊標準。潛艦的聲納接受器在偵測這樣的音頻包含有兩個部分：一為「水波」其經由海水介面直接穿透水中傳導至聲納接受器，或是經過多次反射傳導至聲納接受器；二則為「表面波」其為透射錐角外，經由空氣傳導至聲納接受器的不均勻波；兩種波相對應都普勒效應所縣縣的波形也有明顯的不同，利用此波型可以針對空中的反潛直升機的運動速度、距離和方位進行參數估計分析。

二、潛艦對空中資訊的整合處理技術：

對空中目標的偵測技術是潛艦建立防空武器系統打擊能力的重要關鍵,目前潛艦對空中目標的主要偵測領域主要有二:「雷達」與「紅外線」領域。不過紅外線信號經過海水會嚴重的衰減,無線電信號也具備相同情況;因此主要還是必須依賴聲納信號,由於空中目標的信號源必須經由空氣、水面、水下三個層次,是以目前潛艦必須發展多元的偵測方式和整合處理技術,潛艦對空中資訊的整合處理技術的流程如圖 5.1。

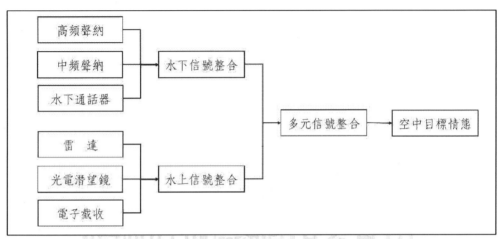

圖 5.1:潛艦對空中資訊的整合處理技術的流程

水下的信號來源經由被動高頻、中頻聲納和水中通話器偵測,信號處理整合主要為分析方位,而水下的信號來源經由雷達、光電潛望鏡和電子截收(ESM),信號處理整合則分別有方位、方位/距離、方位/仰角等,再經多元信號處理後形成空中目標整情態,提供潛艦防空系統做為威脅分析參考。

三、潛艦對空中目標的快速分析解算技術:

潛艦對空中目標的快速分析解算技術,是潛艦落實防空飛彈武器系統攻擊能力的關鍵技術,它必須整合所有的潛艦對空偵測信號,迅速的分析界算出目標的運動方向,並持續提供系統修正,以提供防空飛彈或武器系統最即時、最精準的數據,當必要發射反擊空中目標時,能夠正確地提供攻擊參數、攻擊方式和時機。但由於潛艦本身的水下隱密性,對空中目標的偵測獲得極為困難,能夠獲得的有效訊號量也有限,因此在分析解算技術的發展上雖然很重要,但也很困難,目前發展較常用的解算技術,是卡爾曼濾波技術。

不過,對於反潛直升機,由於經常必須懸停滯空,吊放下聲納入水,每一次的吊放點,都將是此分析解算的最佳訊號;而對於空中的定翼反潛機,則是對其於空投入水的聲標,形成最佳的信號分析點。潛艦都可以就其每一落點,持續分

析其可能的航向、航速、搜索模式和下一個布放點。

## 潛艦與來襲魚雷相對運動的基本概念

　　潛艦遭遇魚雷來襲時，潛艦的預警聲納會最先警示魚雷來襲，聲納系統開始追蹤魚雷來襲方位、速率及可能的深度，作戰系統開始分析相對運動與計算應變的時間，同時同步給予「自動反制防禦系統」所有的運動態勢訊息，提供給潛艦指揮官(艦長)立即的分析決策，當潛艦指揮官認為時機到來下達發射命令及彈種，誘標、干擾彈或氣幕彈自動設定的參數發射，當來襲魚雷鎖定誘餌進行追蹤，潛艦隨即採取反方向深潛高速脫離。

　　潛艦與來襲魚雷相對運動的基本概念如圖 5.2，依據座標方位潛艦(S0)由西向東航向 090 航行，正下方潛艦的右舷方位 180 水面艦遠距發射聲納自導魚雷(T0)進行攻擊；一般而言，潛艦聲納預警的距離(D0)大於魚雷搜索的距離(R)，也就是當潛艦發現魚雷在 D0 的位置，魚雷尚未能夠進入 R 的距離進行搜索偵獲潛艦，若魚雷進入搜索潛艦的範圍內偵獲潛艦，則立即採取尾追的模式攻擊潛艦，若魚雷航進至預定碰炸點(C)，而仍未搜索到潛艦時，則轉換為迴旋環形的在搜索模式。「自動反制防禦系統」的反應時間為 t0，航行至 S1 的位置時發射魚雷誘標(或同時再發干擾彈和氣幕彈)，然後潛艦採取以 θ 的角度反向轉向深潛加速進行脫離的戰術運動，此期間必須密切注意魚雷追蹤誘標的運動態勢，並不斷計算魚雷抵達預計碰撞點，之後開始執行迴旋環形的在搜索模式的搜索距離，直到遠離魚雷的聲納搜索圈之後，才能夠再減速回到寂靜航行。此外，還要注意可能會有「雙雷攻擊」，第二枚魚雷來襲的標準作業的分析決策模式亦相同。

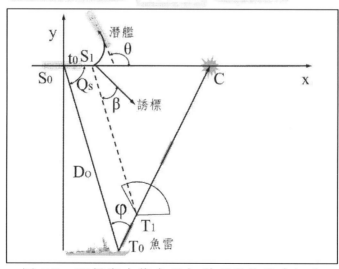

圖 5.2：潛艦與來襲魚雷相對運動的基本概念

　　依據國際潛艦智庫的一份研究分析，假設潛艦初始航速為 8 節，最大速率 20 節，轉向迴避角度為-180°至+180°(向左轉向為負，向右轉向為正)；誘餌彈的固定速率為 15 節，發射的方向為 0°至 120°，可設定轉向的角度為-90°至+90°，預警的魚雷距離為 Do，魚雷來襲預警的舷角為 Qs，此為相當典型的模擬動態；分別針對三種態勢進行模擬分析：「預警魚雷距離 Do 為 3,500 碼，魚雷來襲預警的舷角 Qs 為 60°」、「預警魚雷距離 Do 為 4,500 碼，魚雷來襲預警的舷角 Qs 為 90°」和「預警魚雷距離 Do 為 4,500 碼，魚雷來襲預警的舷角 Qs 為 120°」，模擬分析的結果如圖 5.3、5.4、5.5。

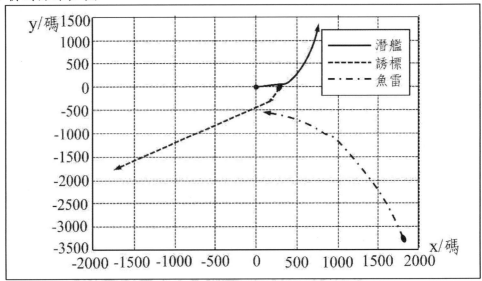

圖 5.3：反制聲納自導魚雷的分析模擬路徑(Do = 3,500 碼、Qs = 60°)

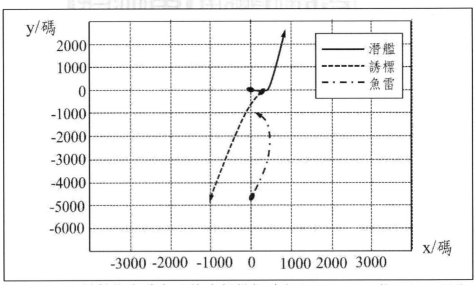

圖 5.4：反制聲納自導魚雷的分析模擬路徑(Do = 4,500 碼、Qs = 90°)

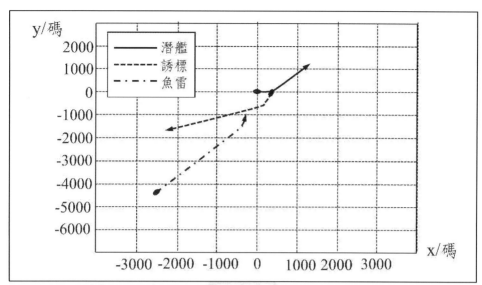

圖 5.5：反制聲納自導魚雷的分析模擬路徑(Do = 4,500 碼、Qs = 120°)

　　由上述的三種模擬分析的結果中，可以觀察出潛艦發射誘標之後，會依據原發射的方位先行直航短暫時間，待確定來襲魚雷偵獲到它或是鎖定住它時，才會開始大幅度誘導轉向，轉向的目的就是加大誘標與魚雷之間的夾角，並逐步拉大增加魚雷追蹤誘餌的時間，此時就是潛艦反向轉向迴避的最佳時機。

# 潛艦軟硬殺防禦武器的綜合控制

一、潛艦硬殺防禦武器的作戰使用：

潛艦軟硬殺防禦裝備和武器主要包含：「氣幕彈」、「噪音干擾彈」和「自航式音響誘標」等軟殺對抗裝備，硬殺武器則有「反制魚雷」、「引爆式音響誘餌彈」等等。

「氣幕彈」係採取化學藥劑與海水反應，快速產生氣泡幕，對聲波形成反射、吸收和散射的作用，氣泡所產生的反射作用效果較為明顯強烈，具有一定的強度，不過氣泡對主動聲納所產生的反射回跡與潛艦的真實回跡有很大的差異，因此比較容易被識別；因此使用氣幕彈的基本原則是發射置於潛艦與偵測的反潛載台之間，以充分發揮遮蔽的作用，也因為氣幕彈有此弱點，因此面對現代潛艦所發射的線導魚雷，一般並不會單獨使用，而會與其他類型的彈種混合使用。

「噪音干擾彈」係藉由像水發出高強度的輻射噪音，以干擾方式壓制對方水中被動聲納的偵測，對抗主動聲納偵測，所產生的隨機高強度噪音會增強背景噪音形成干擾，可以有效降低主動聲納對潛艦的偵測距離；而對抗被動聲納偵測，因為所輻射的高強度噪音，會形成對潛艦本身噪音的掩蓋，能夠干擾對方被動聲納偵測潛艦的效果，導致無法持續偵測、無法確定潛艦的方向、位置和動態，進而無法保持穩定的追蹤，最後偵測失去接觸。潛艦所使用的噪音干擾彈可區分為，低頻、高頻和寬頻三種類型，大多採取懸浮模式施放，不具有運動的能力。

「自航式音響誘標」則是完整模擬潛艦本身的輻射噪音、運動方式和反射的特徵，屬於欺騙的一種潛艦防禦裝備，可同時對抗主、被動聲納偵測的自導音響魚雷；自航式音響誘標具有模擬潛艦高度逼真的特性和促使潛艦快速脫離拉開距離的優點，為現行潛艦所通用的標準裝備；自航式音響誘標使用的原則，就是完全模擬潛艦本身的特徵，作為一個替代的「假目標」，在發射前會經由作戰系統將潛艦本身的輻射噪音值和航向、速率運動方式輸入誘標內部，發射之後欺騙反潛偵測載台或魚雷的主、被動聲納去追蹤此假目標，潛艦藉此時機快速反向深潛脫離。

「反制魚雷」(ATT, anti-torpedo torpedo)係對抗來襲魚雷的一種小型硬殺魚雷，反制魚雷發射後所形成的「攔截路徑」是能否提高成功反制率的關鍵因素，因此「發射模式決策」和「戰術手段」至為重要，必須視潛艦本身的位置、來襲魚雷的方向、深度、速率和運動模式，來決定反制魚雷發射的路徑，通常不會僅發射一枚，多以二枚以上戰術發射，

「引爆式音響誘餌彈」則是藉由本身所模擬潛艦的噪音或音響吸引魚雷來

襲,當魚雷接近時即自己引爆,藉以摧毀魚雷;其使用的原則是發射後,潛艦必須盡可能拉長與它之間的距離,避免因其自身引爆造成潛艦的損害。

二、潛艦綜合防禦來襲魚雷的戰術作為:

　　　　潛艦對於來襲的魚雷實施綜合防禦的戰術作為和措施,依據來襲魚雷的類型而有所不同,該分為防禦對抗「聲納自導魚雷」、「線導魚雷」與「空投魚雷」等三種:

(一)防禦對抗「聲納自導魚雷」:

　　　　反制「聲納自導魚雷」的基本原則,是先發射誘餌彈,然後在同時發射噪音干擾彈和氣幕彈;這促使「聲納自導魚雷」首先發現誘餌彈進行追蹤帶走離開,而後潛艦在噪音干擾彈和氣幕彈的掩蔽之下,朝誘餌彈的反方向快速離開,並且必須要在魚雷辨識誘餌彈之後,重新開始在搜索之前,潛艦能夠離開魚雷的搜索圈(搜索範圍)。噪音干擾彈和氣幕彈使用的原則,是無法當作替代潛艦的假目標來使用,噪音干擾彈的作用主要就是影響魚雷聲納主、被動聲納系統的偵測效率和距離;而氣幕彈的作用,主要是遮蔽潛艦本身的輻射噪音,形成魚雷主動聲納的直接反射和降低被動聲納的偵測效能;因此就反制效能考量發射時機和選擇,針對主動聲納自導魚雷是發射噪音干擾彈不發射氣幕彈,針對被動聲納自導魚雷則是發射氣幕彈不發射噪音干擾彈,若不知聲納自到魚雷來襲方式,則同時發射噪音干擾彈和氣幕彈。

(二)防禦對抗「線導魚雷」:

　　　　現今的先進「線導魚雷」在功能與「聲納自導魚雷」有所不同,主要原因就在魚潛艦可藉由導線對魚雷的可操控性上,因此魚雷發射後會處於不同的階段,基本上分為二階段:「潛艦導控航進階段」和「魚雷本身偵測階段」,在導線可以掌控的情況下,此二階段可以由潛艦的戰鬥系統隨時視攻擊的過程和態勢轉換,以適應提供戰場環境的變化,提高攻擊潛艦的命中機率,惟一旦「線導魚雷」導線切斷則其運動模式與「聲納自導魚雷」無異。因此,潛艦要反制「線導魚雷」就要考量這一項可進行階段轉換的功能,來思考反制的措施和戰術作為。基本上「線導魚雷」發射後,第一階段會經由發射的載台引導航進到預判魚雷可以接觸到攻擊的潛艦,才會執行第二階段下令線導魚雷開啟本身的主、被動聲納,搜索要攻擊的潛艦,當魚雷本身偵獲潛艦之後,經發射載台確認之後下達鎖定歸向攻擊。對此,潛艦當魚雷預警聲納發出警示時,應先行發射「氣幕彈」先行遮蔽發射載台的偵測,之後在發射「噪音干擾彈」(以低頻噪音為主),並密切注意魚雷來向和偵測模式,當魚雷開啟本身的主、被動聲納之時,立即發射誘標;如魚雷雖然追蹤誘標,但遭發射載台所識別,重

新導控再次朝潛艦迴避脫離的方向攻擊,潛艦則再次重複上述的措施與戰術作為;倘若發現來襲魚雷斷線不受發射載台控制,則依據「聲納自導魚雷」模式反制。

(三)防禦對抗「空投魚雷」:

　　空中反潛直升機和定翼反潛機是潛艦的「天敵」,當空中反潛兵力臨空投下反潛魚雷,通常距離都會很近(約 2,000 碼以內),因此潛艦能夠反應的時間將更為急迫,當聲納偵獲空中的反潛載台時,潛艦就應該密切注意其航行動向和偵潛的模式與手段,並預測魚雷可能落入來襲的方位和距離;反制「空投魚雷」基本原則,「氣幕彈」的已經較無效用,應該以「噪音干擾彈」(高頻為主)和「自航式誘標」為反制的手段。當來襲魚雷與潛艦之間的警示舷角為大角度中(大於 120°以上)或中角度(90°至 120°)時,採用數枚「噪音干擾彈」可能就會發生作用,在拋出噪音干擾彈之後,在視魚雷的動態朝前反航向發射「誘餌彈」引導魚雷的追蹤;但在同時使用噪音干擾彈和魚雷誘餌彈時,務必促使誘餌航進持續在噪音干擾彈的有效距離內,避免魚雷雖跟著追蹤誘餌的同時,遠離了噪音干擾範圍,此時很有可能再次偵獲到正在迴避脫離的潛艦,必要時潛艦應該再發射補充噪音干擾彈;因此,當在潛艦與魚雷之間處於警示舷角大於 120°以上時,應該儘使用噪音干擾彈,避免同時使用自航誘標,依據分析顯示,當魚雷入水預警距離 1,200 碼,警示舷角為 120°,潛艦存活的機率最高僅 0.483,故在此種情況下使用要非常謹慎小心。

　　假設預警距離為 1,200 碼,空投魚雷入水為左、右舷,警示舷角大於分別是 30°和 60°,潛艦在魚雷入水時發射第一枚噪音干擾彈,與魚雷來襲方向成90°夾角,同時潛艦轉向深潛加速迴避,於到達迴避航向後,在發射第二枚噪音干擾彈,其模擬分析所獲得的「潛艦生存率」結果如圖 5.6 和 5.7。

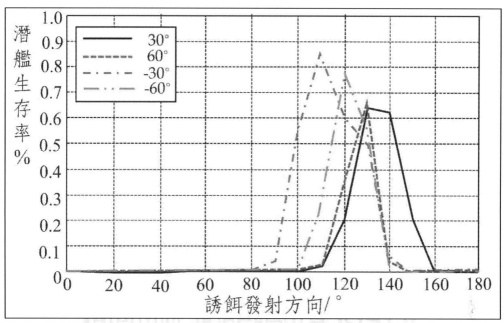

圖 5.6：誘餌發射方向與潛艦生存率的相對影響分析結果(預警距離為 1,200 碼)

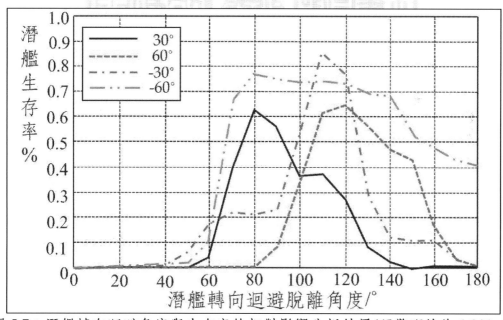

圖 5.7：潛艦轉向迴避角度與生存率的相對影響分析結果(預警距離為 1,200 碼)

由圖 5.6 與 5.7 的分析結果可知，確切適時運用噪音干擾彈，能夠有效提高潛艦的生存率。

假設魚雷來襲潛艦的警示距離為 3,000 至 4,000 碼,警示舷角為 30°,潛艦發射一枚「噪音干擾彈」和「自航聲納誘餌」,依據三種不同的戰術運動態勢分析,可知潛艦的戰術作為與存活率的相對關係(如表 5.1)

表 5.1:潛艦採取「噪音干擾彈」和「自航聲納誘餌」反制魚雷各類型分析結果

| 項目 | 誘餌發射角度 | 潛艦迴避角度 | 潛艦生存概率 | 平均消耗電量 | 最小安全距離 | 被擊中時間 | 評估結果 |
|------|------------|------------|------------|------------|------------|----------|----------|
| 一 | -60° | 180° | 0.96 | 0.95 | 0.86 | 0.92 | 0.76 |
| 二 | 80° | -110° | 0.96 | 0.92 | 0.47 | 0.85 | 0.65 |
| 三 | 0° | 160° | 0.54 | 0.76 | 0.33 | 0.69 | 0.47 |

# 潛艦反制反潛偵測載台

與其潛艦遭到攻擊,被迫緊急進行迴避和脫離,不如在遭到攻擊之前,潛艦先下手為強,攻擊反潛偵測的載台。反潛載台主要有:水面反潛作戰艦艇、反潛潛艦和空中反潛機;水面反潛作戰艦艇則包含:航空母艦、巡洋艦、驅逐艦、巡防艦和獵潛艦艇等;反潛潛艦則有:核動力攻擊潛艦和柴電潛艦等;空中反潛機則有:反潛直升機和定翼反潛機等。水面反潛作戰艦艇是最早投入反潛的主要海上兵力,然最有效的反潛兵力仍然是反潛潛艦,而空中反潛機由於技術的發展快速,因為能夠裝配多元的聲納和非聲納的偵潛裝備,以及掛載較多的攻潛武器,成為潛艦非對稱的最大威脅,潛艦一旦被空中反潛載台發現、偵獲和追蹤,幾乎很難以安全脫身。

一、反制水面反潛作戰艦艇:

　　　大型的水面反潛作戰艦艇具有裝配較具規模的聲納裝備和反潛武器發射機構,因此政體的反潛配備較為齊全,再加上搭配空中反潛直升機,能夠協同進行海空聯合反潛,綜合整體的反潛能力強。在水面反潛網絡中心系統聯合進行偵潛、追蹤和攻潛行動,擔任作戰節點的通訊、指揮和聯合行動的關鍵角色有一定地位,惟行動的速度和偵潛的效率偏低,若無遠距離拋射魚雷(如火箭推進魚雷),則亦遭潛艦先行發動攻擊,因此相對潛艦較居劣勢。潛艦反制水面反潛作戰艦艇的戰術行動主要有三點:

(一)迴避敵水面反潛作戰艦艇的主、被動聲納搜索,盡可能避免進入期有效搜索範圍,隨時掌握水文狀況,保持在水文的陰影區內隱密航進,尋找各水面反潛作戰艦之間的聲納空隙,突穿進行突襲。

(二)接敵與攻擊的過程中,潛艦保持完全低速靜音與艦艏航向垂直接近的水面反潛
作戰艦,以保持最小的聲納反射截面積與最低的輻射噪音。

(三)潛艦在攻擊的過程,必須先行思考全般作戰態勢,預留緊急脫離與反制來襲魚
雷的方案,當發現遭水面反潛作戰艦偵獲時,應立即轉向、加速、深潛脫離,
將水面反潛作戰艦制於艦艉最大被動聲納可聽音的角度,盡速抵達水文的陰
影區之後減速寂靜航行,密切注意水面反潛作戰艦運動模式與聲納偵測的變
化方式,備妥發射誘標的可能性,必要時予以反擊。

二、反制反潛潛艦:

　　「以潛制潛」確實是最有效的方式,但也是最困難的手段,蓋潛艦雙方攻守
各異,也可以瞬間轉換角色,攻方潛艦可以經由「陣地伏擊」、「區域游獵」與「潛
艦幕阻柵」的部署方式來襲擊對方潛艦;由於潛艦對抗潛艦彼此的性質與能力相
同,較量的優先次序分別是「靜音能力」、「聲納偵搜性能」、「作戰系統的效率和
精準度」、「指揮官決策與應變能力」等等;此外,不同類型潛艦的相互對抗亦有
所區別,如「柴電潛艦對抗柴電潛艦」、「柴電潛艦對抗核動力攻擊潛艦」和「核
動力潛艦對抗核動力潛艦」等等,精確掌握水文的特性,及時得當的運用是攻擊
或反制成功的關鍵要素。

三、反制空中反潛機:

　　潛艦面對空中反潛載台始終居於劣勢,一旦遭空中反潛直升機或是定翼反
潛機所發現,只要空中反潛載台所攜帶的偵潛裝備足夠(如各型的主、被動聲納
音標數量),並能夠持續不斷的保持接觸與追蹤,則潛艦幾乎難以逃脫被擊沉的
命運。因此,現代新型潛艦已經逐漸研發出成熟的防空作戰能力。以德國海軍的
212 型潛艦(自用非外銷型)為例,其已將射程約 2 海浬近距離的「MURAENA 自
動火砲系統」及射程約 10 海浬的「IDAS 多功能飛彈系統」列為標準配備,能
夠精準的攻擊空中反潛直升機或是定翼反潛機,使得空中反潛載台在偵潛的過
程中,即使掌握了空優,也將面臨遭受擊落的威脅,而不在是像過去肆無忌憚地,
無安全顧慮的方式進行偵潛。

# 第6章 潛艦對於水下遠程兵器的指揮與控制

由於水下無人載具的技術發展快速成熟，已經不在只是運用在科學研究之上，也逐漸成為反潛的偵搜載台和武器，如果搭配「人工智能」(AI)，更能夠與潛艦進行多元的協同作戰，成為潛艦可操控的遠程水中兵器；具有智能的遠程水中兵器具有航程較遠、自主智能、機動靈活、隱蔽性強和無人員傷亡的憂慮等優勢，並且可以根據不同的任務形式，更換不同的功能模組，可以依據設定自主進行任務或在潛艦人員的遠距離操作監控之下，共同協助完成多重多元的軍事任務，能夠有效代替潛艦或特種作戰的人員，進入敏感或有高度敵情威脅的海域，進行水文環境偵蒐，目標偵測、監視、情報蒐集和探測敵方所布設的水雷威脅，進行精準位置標定或是予以清除，也能夠發起資訊干擾、電子對抗、襲擾攻擊等特殊的任務型態；藉此彌補潛艦在作戰能力上，先天的限制和不足，因此現今「水中無人載具」的研發，已經是各先進國家潛艦和反潛作戰開拓發展的重要方向，未來必將成為潛艦的得力助手與標準配備；然而由於「水中無人載具」在軍事上的發展非常廣泛，早已超越原本的範疇，因此本章將以「水中智能遠程兵器」一詞來替代。

## 智能的遠程水中兵器的任務分析

由於「水下智能遠程兵器」技術的研發與投入水下軍事作戰行列，致使潛艦與反潛作戰的型態更加多元而複雜；相對於傳統柴電潛艦、核動力潛艦和水面反潛作戰艦而言，「水中智能遠程兵器」體積小、航速低、續航力強、隱蔽性高、噪音極低和造價低廉等優點，加上可依據任務進行模組化的變換裝配，可裝配標準的被動聲納模組進行戰場環境水文的偵搜和探測，也可以針對具有威脅的海域進行先遣的情報蒐集，也能夠轉換模組裝配高爆炸藥成為水下的攻擊武器，當然也能夠同部署多枚功能相同或不同的「水中智能遠程兵器」，同時進行彼此相同或不同的任務；主要的任務範圍包含：情報偵察與監視、反潛、反水雷、協助特種作戰、襲擾攻擊、資訊截收、電子干擾、布設水下監聽聲納陣列、通信中繼和任務路線先期探測與規劃等等。

一、情報偵察與監視：

對於潛艦而言，情報偵察與監視要比水面作戰艦和空中兵力更為重要，情報偵察與監視主要包含收集與傳輸多種類型的數據、收集各類情報、海洋與地形測繪、目標的偵測與定位等。遠程的智能水中兵器，可以前往潛艦無法執行或具有危險的區域，協助潛艦執行任務，由於具有這樣的優點，其可以進行情報偵察與監視的任務包括(執行情報偵察及監視資訊流程如圖6.1)：

▓持續的戰術情報蒐集，包含戰場環境、戰場情報、電子資訊等。

■危險物品的探測和定位，如化學、生物、核子、放射性與爆炸物等。

■戰場和特殊海域的測繪，作戰目標的偵測和定位。

■抵近港口進行偵查與監視。

■監視水下聽音器與聽音陣列的部署。

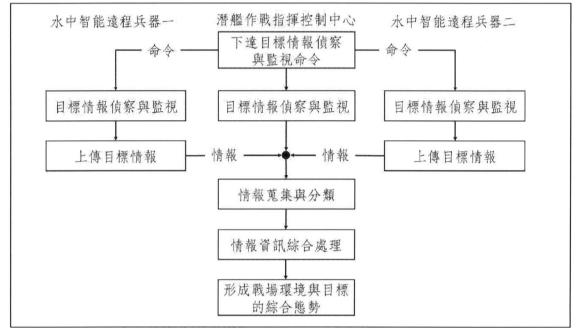

圖 6.1：執行情報偵察及監視資訊流程示意圖

二、反潛作戰：

　　針對反潛作戰，水下智能遠程兵器可以在雙方還未交戰之前，秘密的進行部署，用與情報蒐集和動態監控，持續針對的潛艦進行偵搜，特別是港口或進出之重要航道，在必要時可以進行秘密布雷或是待命伏擊，其主要的任務類別如下(執行反潛作戰流程如圖 6.2)：

(一)風險控制管理：

　　　監控敵方所有潛艦基地的港口，或是潛艦進出的必經要道，假設依據情報已經知道的潛艦基地所提升的戰備等級，卻不知道其潛艦出港時間、數量和頻率，也無法掌握敵方潛艦自母港浮航出海之後，其具體「下潛點」的位置，而在此港口和附近海域，通常為的方所完全掌握制空權和制海權，此時即可採取以潛艦潛航自遠方海域釋放水下智能遠程兵器，秘密前往進行偵搜，水下智能遠程兵器可以進行伏擊，亦可以與遠端遙控隱藏的潛艦相互配合，對敵方潛艦進行攔截。

# 第 6 章 潛艦對於水下遠程兵器的指揮與控制

(二)海上前沿防衛：

　　當作戰海域已經確定，水下智能遠程兵器可由潛艦在艦隊前沿部署釋放，用於偵搜作戰海域是否存在敵方潛艦的潛伏而對艦隊造成存在威脅；亦可在指定的海域偵測、追蹤和攻擊通過該海域的敵方潛艦，在要求高攔截率的情況下，可採取釋放多枚形成網狀聯合，以阻止敵方潛艦接近我艦隊或海上重要編隊；或可當偵搜到敵方潛艦時，上傳資訊引導我方的水面反潛作戰艦或空中反潛兵力進行攔截獵殺；此外，水下智能遠程兵器也可以作為水下偵查通信的網路節點，意可以當作誘餌，引誘敵潛艦到我潛艦預定隱藏伏擊的地點。

(三)建立安全通道：

　　水下智能遠程可以部署在我艦隊預定航線的外圍，形成阻柵防護，以避免敵方潛艦進入其魚雷攻擊射程之內，使艦隊在預定航線前進過程，一直保持在敵方魚雷的射程之外，以確保艦隊的整體安全。

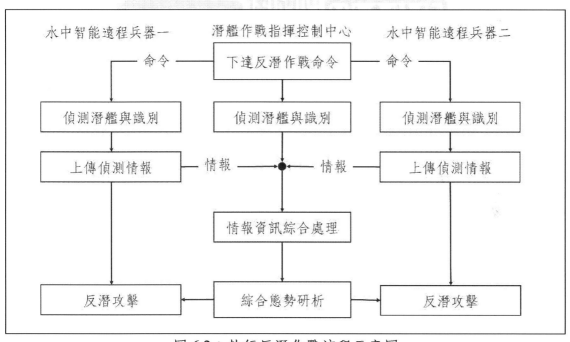

圖 6.2：執行反潛作戰流程示意圖

三、反水雷作戰：

　　水下智能遠程兵器在反水雷作戰中，能夠進入大面積的敵方布雷區，進行偵雷、掃雷和獵雷，為我方的潛艦或水面作戰艦開闢安全的航道。由於水雷的類型眾多，可以由海岸的碎浪帶開始、極淺水域、淺水區及至深水區進行布放。因此現行的海軍反水雷作戰，已經不再前往到近岸進行，潛艦可以在較隱蔽的深水海域，交由水下智能

遠程兵器前往進行，不僅安全也能隱密執行。

此外，水下智能遠程兵器在進入雷區時，也可以進行情報的蒐集、監偵和定位，在不引爆水雷的前提下，將雷區資料回傳給潛艦，並能夠持續觀察後續雷區的布放和變動，提供潛艦進入戰區時相當有用的分析與研判資訊，提供潛艦絕對的安全保障。

最典型的案例就是，在 2003 年的「伊拉克自由」反水雷作戰行動中，美軍海軍使用多個水下智能遠程兵器，僅花費 16 個小時就清掃原本要耗費 21 天的水下清理任務，搜索海域的面積達 250 萬平方公尺，有效縮短所需的戰術時間，提供後續部隊前進的速度(執行反水雷作戰流程如圖 6.3)。

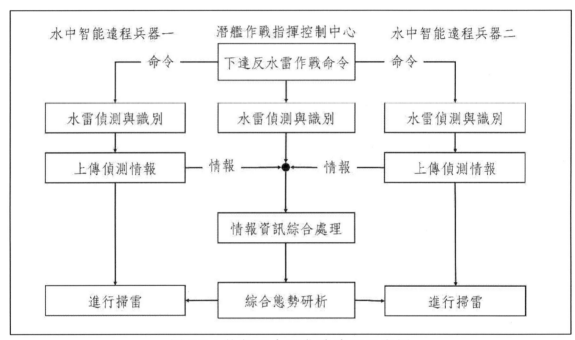

圖 6.3：執行反水雷作戰流程示意圖

四、特殊性攻擊或任務：

潛艦有時必須具備特殊性攻擊或其他必要的任務，但是往往存在安全的威脅或是潛艦本身的能力不足，而水下智能遠程兵器卻恰巧具備彌補這樣不足的優勢，例如遠程發射武器或是為特種部隊秘密運送武器，這由於水下智能遠程兵器具有能夠遠離海岸、具備隱蔽性和長時水下作業的能力。

若將水下智能遠程兵器完全模組化改裝成為武器或是攜帶武器的平台，如成為魚雷、飛彈或水雷，除能夠前往潛艦無法到達或存在威脅的海域，避免潛艦本身失去隱匿性而暴露自身；水下智能遠程兵器可以自潛艦釋放寂靜航行，當抵達指定的目標海域之後，即等待命令發射攻擊，而選擇的任務模式則有(執行特

殊攻擊命令流程如圖 6.4)：

▦水下智能遠程兵器如同潛艦一樣發射魚雷攻擊。

▦水下智能遠程兵器上浮至水面發射飛彈。

▦水下智能遠程兵器釋放所攜帶的自走性水雷。

　　當水下智能遠程兵器於發射所攜帶的武器之後，都能夠在返回到預定的回收點，再重新進行補給和裝填。

　　水下智能遠程兵器也能夠形成多工蜂群，各司其職並成為水下的網路作戰，如哨兵模組在前負責巡邏偵查，通信聯絡模組在後負責資訊傳遞，攻擊模組隨伺左右等待命令進行攻擊。

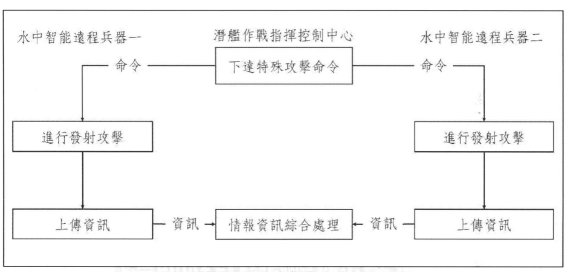

圖 6.4：執行特殊攻擊命令流程示意圖

五、資訊作戰(資訊截收、電子干擾和電子誘餌)：

　　水下智能遠程兵器運用在資訊作戰(資訊截收、電子干擾和電子誘餌)上，最適合擔任兩種任務：一則是用來塞爆敵人的資訊通道，或是作為向敵人的資訊網路發布假訊息和假數據的平台，以干擾或擾亂敵方的資訊作業；再者就是擔任潛艦的前方誘餌，可以事先將潛艦的資訊參數(潛艦噪音、電磁發射頻譜等)模擬先行輸入水下智能遠程兵器，用以引誘敵方潛艦或是水面作戰艦接近誘餌，隱藏的潛艦再伺機進行攻擊。

　　水下智能遠程兵器擔任潛艦的誘餌，在戰術上也有很多靈活的運用，即所謂的「真真假假、假假真真、真假真假、假真假真」，也就是說水下智能遠程兵器可以適時暴露自身預設的模擬音頻或電磁資訊，也可以間歇出現，或是當偵測到敵方潛艦時，再逐漸減弱然後偶爾再出現，也可以在確定敵方潛艦接近時，開

始逐漸遠離引導到隱藏埋伏潛艦指定攻擊的海域，同時水下智能遠程兵器本身也可以由誘餌轉變為攻擊者，可運用的戰術相當寬廣(執行資訊作戰流程如圖6.5)。

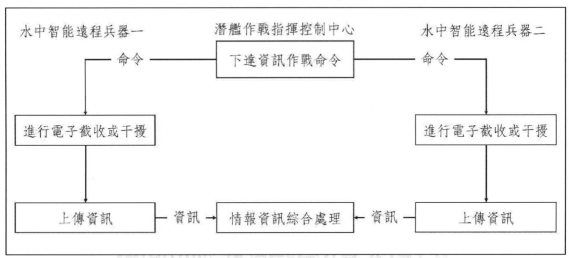

圖 6.5：執行資訊作戰流程示意圖

六、水下智能遠程兵器其他的特殊任務，則還包含如協助特戰人員、布設水下監聽聲納陣列、通信中繼和任務路線先期探測與規劃等。

# 第 7 章 潛艦戰術基本功：被動聲納分析

　　潛艦與水面反潛作戰艦一樣，同時具備主動聲納和被動聲納，但為何只論述被動聲納，而不去談主動聲納，；由於潛艦與水面反潛作戰艦使用的方式截然不同，現今潛艦使用主動聲納的偵測敵人的機率微乎其微，可能只止於遭遇到航行安全顧慮的時候才會使用。而潛艦於水下航行執行作戰任務，就好比是「水下的盲劍客」一般，看不到只能依賴「聽音辨位」的功夫；因此潛艦發展出具備多種多功能的被動聲納系統，以彌補各個缺點與不足，當然對於如何運用這些裝備以最快速的方式獲取目標的精準資料，就成為潛艦戰術首先的最基本功夫之一；「被動聲納分析」是任何一位潛艦軍官與聲納士官的必修課程，不論現今先進潛艦的聲納系統如何再精良、再自動化，這一基礎仍為「入門檻」。

## 獲得水中聲速曲線

　　當潛艦潛航達成最佳平衡調整之後，在抵達任務海域之前，必須先行了解及時的「水中聲速曲線」(SVP, Sound Velocity Profile)，由於水中聲速會隨著時間、海水的溫度、鹽分、深度、潮汐、海流和海底地形等因素影響所變動，因此必須隨時修正掌握，掌握的目的就是了解「最佳聽音深度」與「最佳迴避深度」；「最佳聽音深度」與「最佳迴避深度」有所不同，通常會以「層次深度」做為區別，「最佳聽音深度」就是指聲納能夠發揮最大效能偵測最遠距離的深度，而「最佳迴避深度」係指當潛艦遭敵發現或攻擊時，能夠立即能夠進行迴避的「隱匿深度」，這二者有時相同，有時候不同，主要端視有無層次深度而定。(參考圖 7.1、7.2)

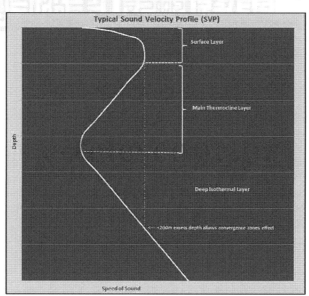

圖 7.1：典型「水中聲速曲線」(SVP, Sound Velocity Profile)示意圖

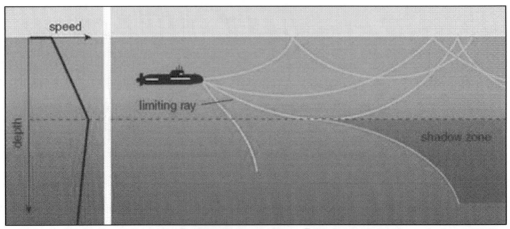

圖 7.2：「層次深度」與「最佳聽音深度」、「最佳迴避深度」之相互關係

# 各型被動聲納訊號顯示與分析

在此將闡述種最基本的被動聲納顯示與分析方式，現今的先進潛艦聲納系統多設置 3 至 5 部操控台，其中必然會啟用 2 至 3 部作為聲納分析之用，而每一部操控台的所有資訊同時同步，各種顯示方式均可交流交叉切換，或同時顯示在一個頁面上，端視操作者的訓練素質、能力與習慣而定，但都有一定標準基礎的作業程序。

# 目標位置顯示器

「目標位置顯示器」(PPI, plan position indicator)是不論任何作戰載具的最基本顯示，對於潛艦而言它會固定在第一部操控台上，提供潛艦指揮軍官隨時的全般目標動態資訊；其以本艦為中心的極座標方式顯示，正本方位 000°順時鐘方向 360°標示目標方位，提供來自雷達、主動聲納、被動聲納、電戰截收、潛望鏡目視和魚雷警示聲納等所接觸的訊號，經分析後顯示其方位、距離和速率的動態，唯一如果是水下目標則沒有其「深度」顯示，必須依賴其他聲納顯示來補足；不過，現今的潛艦作戰系統，已經可以「3D 模式」整合所有資訊顯示。(參考圖 7.3)

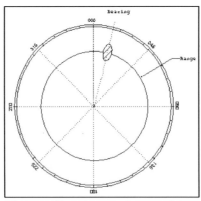

圖 7.3：「目標位置顯示器」(PPI, plan position indicator)示意圖

## 時間方位顯示器

「時間方位顯示器」(BTH, Bearing time history display)係根據聲納初始接觸目標之後，持續接觸目標與潛艦的相關方位紀錄顯示，最新的資訊位於顯示的頂端，它可以提供分析目標方位與潛艦之間的分為動態變化，如果聲納街的訊號微弱或是失去接觸，則曲線會顯示間斷。(參考圖 7.4)

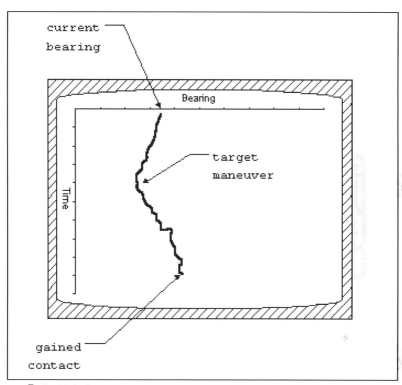

圖 7.4：「時間方位顯示器」(BTH, bearing time history display)示意圖

## 頻率分析顯示器

「頻率分析顯示器」(FAD, Frequency analysis display)係將聲納接收信號作一完整頻譜顯示，其由低頻道高頻，依據訊號系統硬體與軟體所設計的頻率寬度，再細分為每一個單獨的頻率，各單一信號微小頻率，會隨著強弱動態改變；這種顯示的方式主要是協助聲納分析手，能夠很容易定出該目標的「頻率特徵」也就是「音紋資料」，通常會根據 5 到 7 個強度較特別高的頻率來律定；而被鎖定的各單一頻率，可以經由濾波技術，予以放大以利更進一步的分析與追蹤。(參考圖 7.5)

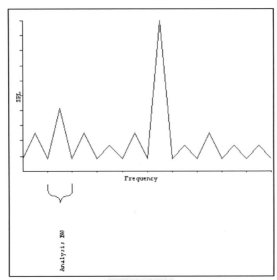

圖 7.5：「頻率分析顯示器」(FAD, frequency analysis display)示意圖

## 窄頻瀑布型顯示器

　　「窄頻瀑布型顯示器」(NWD, narrowband waterfall display)係依據將聲納所接收的寬頻信號，經由頻率顯示器過濾篩選出特定鎖定的單一頻率，進行持續的分析；由於目標隨這頻率強度高低所變化，且多個目標的特定頻率訊號同時顯示，因此顯示幕就很像一個流動的瀑布一般；而根據所設定的不同窄頻顯示寬度，可以放大或縮小所追蹤的不同特定頻率，所顯示出來的結果也就不同，這有利於聲納分析手當發現信號微弱或是失去接觸後，重新設定分析頻寬以利繼續追蹤。(參考圖 7.6)

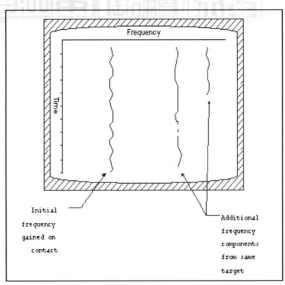

圖 7.6：「窄頻瀑布型顯示器」(NWD, narrowband waterfall display)示意圖

這樣的功能非常有用，但是聲納操作手必須相當的熟練，並且集中注意力面對多重多個追蹤的頻率，因為瞬息有變化而不在極短的速度中轉換頻率分析，就很可能目標失去接觸，而必須回到寬頻分析再重新鎖定一次。(參考圖 7.7)

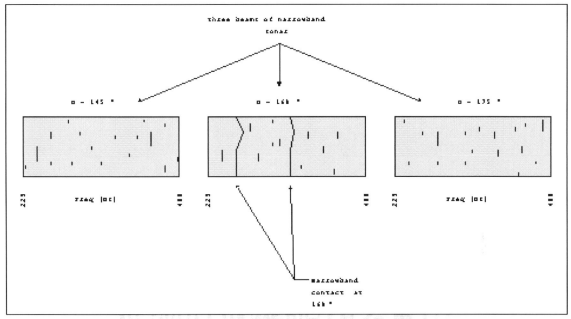

圖 7.7：設定不同頻率寬度的「窄頻瀑布型顯示器」所呈現不同的顯示

# 拖曳式聲納系統

部分先進潛艦可能配備「拖曳式聲納系統」(TASS, Towed Array Sonar Systems)，該系統結構系有一連串的被動聽音器所組成，而由一條電纜提供電力與信號傳輸，以及一條鋼纜拖曳於潛艦後方約 800 至 1,200 呎或更遠的距離進行目標偵測。設計「拖曳式聲納系統」的主要目的，其優點就是希望潛艦得聲納偵搜目標時能夠避開自身推進車葉所產生的噪音，當每個單一的陣列接收器截收到信號，則會被傳輸到處理器進行分析；但是因為陣列是線性串成的，所以沒有垂直方向性；這導致會形成兩個問題，第一、就是當海底反射傳播噪音時，未經進一步分析就無法知道輻射源的方向；第二、就是潛艦與目標的相對方位會呈現模稜兩可的情況，線性的陣列聲納，無法區分左側的信號和右側的信號。這個問題可以經由潛艦的多次操縱，轉慢轉向盡可能讓拖曳聲納與潛艦航向呈直線來解決；當多次恢復接觸之後，就能夠找出正確符合方位相匹配的信號。例如：當潛艦航向 045°，拖曳陣列聲納首次接觸目標為方位 015/075°，當潛艦轉變航向為 135°，第二次接觸為 075/195°，實際目標接觸的真實方位為 075°。(參考圖 7.8、7.9)

因為拖曳陣列聲納不受潛艦的大小所限制，所以拖曳的陣列聲納可以拖在潛艦後面很長的距離，因此它們具有非常窄的波束寬度，或者可以在更低的頻率下進行截

收工作,低頻的截收能力對潛艦是特別有利的,低頻的噪音源在水中遭到吸收聲能損失很小,能夠傳播非常遠的距離,這也就意味潛艦能夠偵測到很遠的目標,據悉柴電潛艦配備拖曳式聲納的偵測距離約能掌控 100 至 120 海浬的目標。

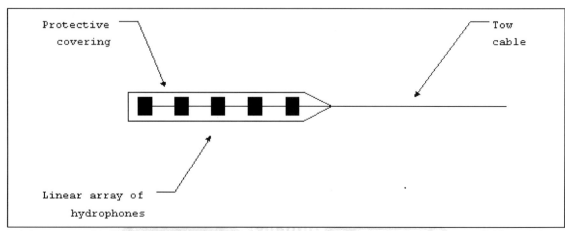

圖 7.8:潛艦「拖曳式聲納系統」(TASS, Towed Array Sonar Systems)結構示意圖

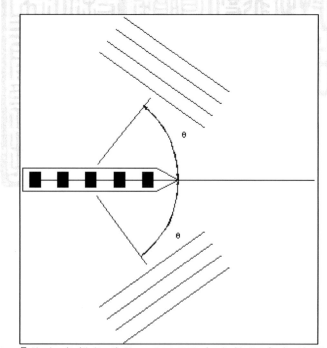

圖 7.9:「拖曳式聲納系統」(TASS)左右接觸方位差異示意圖

上述的所有基本潛艦聲納顯示器,在現今的先進潛艦已經完全整合在單一操控台的顯示幕上,以俄羅斯基洛級 636 型潛艦所使用的 MGK-400 聲納系統為例,以二台操控台即可完全掌控來自全艦所有聲納裝備諸元所接受的信號,經處理器之後顯示的動態分析,由其操控台上除主要的目標音頻顯示幕之外,其它還有眾多的次顯示

頻幕作為輔助，有此可知一的資深熟練的聲納手，沒有 5 到 10 年的訓練是絕對不夠的。(參考圖 7.10、7.11)

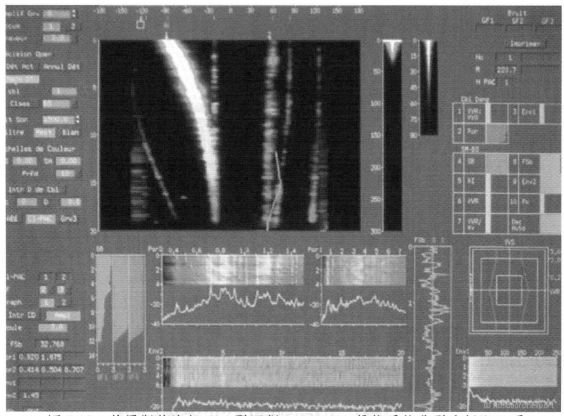

圖 7.10：俄羅斯基洛級 636 型潛艦 MGK-400 聲納系統典型分析顯示頁

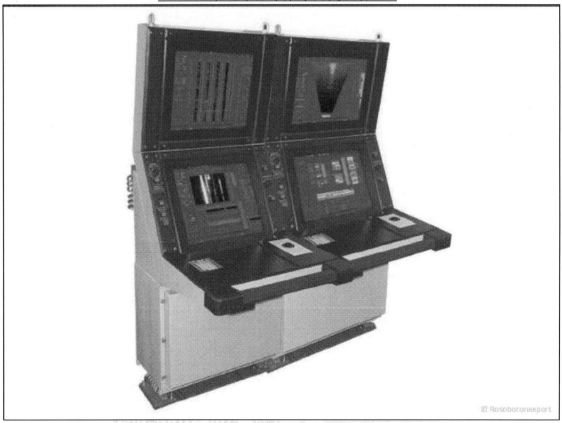

圖 7.11：俄羅斯基洛級 636 型潛艦 MGK-400 聲納系統操控台

# 附錄 1：解析 2021 年日本蒼龍級潛艦意外撞船原因

(本文部分內容曾刊登於 2021 年 4 月，《全球防衛雜誌》，第 440 期，頁 34 至 41。)

　　新的一年世界潛艦圈最令人震撼的事，2021 年 2 月 8 日上午 10 時 58 分日本海上自衛隊的一艘蒼龍級潛艇在四國島的高知縣外海，與一艘裝載鐵礦石的中國香港籍散貨輪「鴻通號」(Ocean Artemis)發生碰撞，當時這艘貨輪上有 20 名中國船員。雖然適值中國、台灣與世界華人準備放假過春假的前一日，但日本目前普遍並無過中國農曆節的習俗，因此雖然此意外碰撞事件，隨即掀起若干媒體、名嘴、專家和學者們的熱議與討論，也有許多文章長篇論述，但是由於正在歡天喜地的過年，因此個人也就暫時未撰文分析評論，惟至今多數的論述與文章，仍存在很多錯誤，甚至使用錯誤的潛艦專業術語和認知，確實相當的混亂！

重型散裝貨船「鴻通號」（Ocean Artemis），現停泊在神戶港外港，而且明顯處於最重載狀態，其排水量達 13 萬噸，且吃水亦達 12 公尺以上，(圖片來源：MarineTraffic.com 與 Vessel Finder) 摘自：2021 年 2 月 12 日的【軍事博評】William：初探海自潛艇與香港商船「碰碰船」事件。

　　蒼龍級潛艦堪稱日本在亞太地區 21 世紀初最新型的柴電潛艦，首艘「蒼龍號」(SS-501)由日本三菱重工神戶造船廠負責建造，全長 84 公尺、排水量 2,950 噸，是日本第一款量產型具備「絕氣推進系統」(AIP)的柴電潛艦，也是世界上繼瑞典加特蘭級柴電潛艦和中國 039A 型柴電潛艦之後，第三種採用史特林引擎系統的柴電潛艦，「蒼龍號」共裝載 4 台 4V-275R Mk III 型史特林發動機，其聲納系統則是前一代親潮級裝備的 ZQQ-6 的改良型聲納，採用較先進的 X 形舵翼自動操控系統，耗資 600

億日圓，2009 年 3 月 30 日服役至今 12 年，原配屬的母港為神奈川縣橫須賀港。

目前日本官方僅表示遺憾，並未正式公開詳細的過程和內容，但個人依據過去本身的經驗和潛艦專業立場，分析此次日本蒼龍級潛艦的意外事件，應有邏輯和潛艦標準的作業程序，按照「人、事、時、地、物」依據結構順序「潛艦碰撞的地點和水文環境」、「潛艦當時執行的任務型態」、「潛艦執行目標搜索的標準作業程序」(SOP)、「潛艦戰鬥系統對目標的全般掌控」、「意外發生時的潛艦緊急反應」、「潛艦損害的情況與處理」、「潛艦與商船碰撞前後的相對運動位置」、「雙方必須承擔的責任與後續可能的國際海事官司」和「中國可能被迫要求提出航行所有紀錄資料」等，逐步進行分析方為專業、完整、清晰和恰當地研判。

## 潛艦碰撞的地點和水文環境

依據所公開的碰撞地點，在 GOOGLE MAP 上顯示，撞擊地點位於日本高知縣南邊頂端的「足折岬」南方海域，此處的海底地形正位於日本南方各列島嶼大陸棚與海板塊的交界處，也就是由近岸的淺水逐漸向外海增加至 50 公尺，再往延伸 15 至 20 公里處水深即可達約 100 至 200 公尺，至 30 公里海底深度隨即陡降水深增加至 500 公尺甚至數千公尺以上，此處海底的深度變化相當劇烈；撞擊地點位於「足折岬」東南偏南方約 50 公里(約 27.7 海浬)的海域，水深超過 500 公尺以上，是適合「蒼龍號」潛艦運動操作的水深，因此潛艦水下航行並無碰撞海底的顧慮。

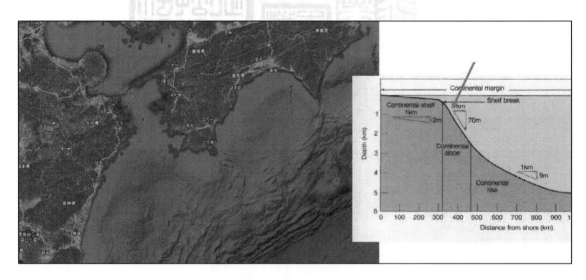

兩船相撞地點大約在紅點位置，當地水深大約 1 公里，大約位於日本列島大陸坡邊緣，但稍往北走，15 公里內就會變回 100 公尺以上。(圖片來源：Google Earth 及網絡圖片) 摘自：2021 年 2 月 12 日的【軍事博評】William：初探海自潛艇與香港商船「碰碰船」事件。

## 潛艦當時執行的任務型態

由於該艘日本潛艦隸屬於吳市吳港的第 1 潛水隊群第 5 潛水隊的「蒼龍號」(Soryu, SS-501)潛艦，因此依據碰撞地點和當時海底水文，該潛艦應該是完成水下偵巡任務，準備由「操作深度」(可能為 200 公尺)回到「潛望鏡深度」(PD，約 17 至 20 公尺)，在無安全顧慮之後再執行「上浮」至水面，然後採取水面「浮航」，返回母港基地；因此若干專家與學者所稱的「上浮」，是錯誤的概念或觀點，其實就是由「操作深度」回到「潛望鏡深度」，正確潛艦的專用術語稱之為「改變深度」。

## 潛艦執行目標搜索的標準作業程序(SOP)

潛艦進行「改變深度」的操作，是很正常的基本功夫，也是做基礎的組合戰技，並不是很困難的操作，但是不論是由淺水改變至深水海域，或是由深水改變至淺水海域，卻有其複雜的標準作業程序(SOP)必須一步一步逐一安全執行。由淺水改變至深水海域時，所要注意的事就是完全能夠掌握海底地形，倘若無法掌握實際海底地形或認為有疑慮時，也就是必須以高頻聲納「持續的測量水深」，避免因為深度失控，碰撞或沉底；若是由深水改變至淺水海域時，則必須分段改變(如每隔 50 公尺)，每次改變深度之後，就必須很仔細地搜索目標一次，目的就是避免與意外未掌握的目標碰撞；而在每次搜索目標就必須清楚掌握一個關鍵因素：「層次深度」，因為潛艦精準掌握層次深度，就能夠精準研判出「最佳聽音深度」和「最佳隱蔽深度」，在演習或是戰時，遠距偵測目標時採取的戰術作為就是在「最佳聽音深度」，等到逐漸接近到目標到進入對方的偵測距離時，就會逐步改為採取「最佳隱蔽深度」。

由於此次蒼龍級潛艦是執行任務完畢準備返港，因此自然採取的是最安全的「最佳聽音深度」，抵達最佳聽音深度之後，潛艦的聲納系統必須針對正前方，左、右舷側先進行搜索，完全掌握所有目標動態之後，在採取向左或向右滿舵大角度迴旋(通常為 60 至 120 度)，針對潛艦左右後方的「擋音板區」(係潛艦正後方的聲納盲區)，再此進行全面搜索(先左轉或是右轉，端視當時的環境情況有無限制)，每次搜索時間至少 30 分鐘以上，以確保周遭整個海域由遠至近，水面和水中的目標動態。

潛艦的戰鬥系統採取「完全集中指揮管制」與水面作戰艦系統採取「功能分布式管制」存在相當不同的差異性，潛艦的戰鬥系統之下還有若干次系統，如「聲納系統」、「射控系統」、「光、電、雷射、紅外線、磁感應綜合系統」與「電子偵測作戰系統」等，所有的次系統的感測裝備，所偵測到的目標資訊，都會完全匯整戰鬥系統進行整合，完成全般整體的戰場環境和目標動態顯示。

# 潛艦戰鬥系統對目標的全般掌控

雖然世界各國潛艦的戰鬥系統類型不同,各設計裝備的操控台基本約 4 至 7 部,但每一部操控台的結構絕對相同,且每一台都是獨立作業,但是資訊彼此可及時交換共享,但在不同操作狀況運用時,所負責管理的職能也有所不同;由操作深度回到潛望鏡深度的操作,是潛艦相當危險的動態過程,就如同飛機的「起飛」和「降落」一樣;以此次蒼龍級可能發生的動態為例研判,五部操控台基本會開啟四部,每一部操控台的功能不同,可能分別為一號操控台為「戰術指揮」、二號操控台為「聲納顯示與控制」、三號操控台為「輔助聲納分析」、四號操控台為「光電與雷達顯示控制」。

每部操控台都會由資深的專業士官擔任,潛艦在最佳聽音深度做完上述戰術操作全面掌控目標之後,會由當時的值更官向艦長報告,請准準備執行回至潛望鏡深度,通常潛艦艦長與副艦長都會親自到控制室的五部操控台前,聽取值更官的全面動態報告和檢查後的安全準備,並親自檢視五部操控台的資訊是否正確會有疑慮(通常艦長會位於一號操控台後方,副艦長會位於二好與三號操控台後方協助艦長監控分析)。

潛艦於水下搜索目標,既然看不到無法以光學或是雷達無線電波偵測目標的方位和距離,等於是瞎了眼只能依賴聲納聽音,因此水面作戰艦的戰術軍士官與潛艦的軍士官,有一個非常不同的差別,就是潛艦對於「方位變率」非常敏感;潛艦的聲納系統依據各目標的「方位變率」(稱之為 bearing rate 或是 rate of bearing variation),以及目標聲音訊號的逐漸增強或減弱,逐步分析掌握目標的型式、方位、距離和速率,一般的傳統潛艦戰鬥系統都可以掌握 120 個以上的目標,並依據威脅分析優先順序鎖定 15 個以上的攻擊目標;完成周遭所有 360 度的目標分析和掌控之後,會選擇一個「最佳安全航向」,即所有目標都是遠離的狀態,也就是方位變率不是「近距快速右移」、「遠距慢速右移」,就是「近距快速左移」、或是「遠距慢速左移」,絕對沒有「方位持續不變的目標」,無任何碰撞的可能與機會,如果有疑慮則會再進一步觀察等待時機。

經過這樣繁雜的系統分析確認無誤之後,才會開始加速向上改變深度(每公尺一報),抵達潛望鏡可見光的深度前(約 25 公尺),即會下令升起潛望鏡,不斷地由上方高角度轉向低角度、由近至遠地進行目標搜索,於白天若有近距離目標接近則會清晰看到陰影,若是晚間則有其他光學裝備輔助(如紅外線或雷射),此時聲納也同時高度監控是否有近距離目標噪音出現;此時,潛艦最擔心的就是停車滯留沒有速度和聲音的目標,如垂釣中海釣船或是停車作業的漁船,或是其他大型的漂流物,如商船掉落的原木或貨櫃等等。

# 附錄1：解析2021年日本蒼龍級潛艦意外撞船原因

## 意外發生時的潛艦緊急反應

當潛艦升旗潛望鏡觀測時，到回到潛望鏡深度，潛望鏡伸出水面之前，所有的潛艦組員都會神經緊繃高度警戒，如果由潛望鏡驚覺發現可能有碰撞的近距離目標時，則會立即下令「緊急下潛、緊急下潛、緊急下潛」！全艦組員會立刻按照平日訓練的標準反應動作直接同時操作：「前、後翼下滿角、立即增速至戰備速度、滿舵大幅轉向安全航向、立即降下潛望鏡和發出警報全艦就碰撞部署」等，避免立即可能發生的災難和危機。

## 潛艦損害的情況與處理

依據2月8日上午0810時蒼龍號潛艦駛入位於事故海域最近的高知市的高知港浮航安全行進的途中，所遭公開的影像和照片，可以觀察蒼龍號的外觀進行分析，已評估其損壞的情況；首先，就是位於帆罩上的左、右前平衡翼，雙翼都呈現卡死在下滿角的角度，表示碰撞意外發生當時潛艦確實採取緊急下潛的措施，而左翼完好無損，右翼折斷且後方破損，這顯示遭到從後方的目標碰撞；其次，就是帆罩右側頂端，有大片破損的現象，依據破損的位置、大小和撕裂的情況，亦表示是由右後方撞擊而來；再者，依據帆罩右側表面所鋪設的消音瓦損壞情況觀察，可再次確定是遭右後方撞擊，而帆罩上潛望鏡和通信桅，呈現伸起無法降下的狀態，雖然從照片看不出潛艦的帆罩是否有被撞擊造成歪斜，但顯示帆罩內部各桅管已遭撞擊功能損壞無法操作；最後，潛艦各部位經檢視無其他部位損壞，聲納系統、電力與推進動力系統無故障，人員僅3人受到輕傷，無須送醫的顧慮。

至於為何潛艦具備各形式的通信設備，如衛星通信、HF、VHF、UHF，戰術資料傳輸鏈Link等等，卻在電信桅被損壞之後，無法向潛艦指揮部發出任何報告訊息，非要等到浮航後3個小時，接近沿岸才以手機報告傳送情況，這確實很令人質疑！這確實是相當奇怪的事？但真相如何？在到目前日本官方還無任何說明之下，也只能視為可能存在的政治考量！

而依據蒼龍號潛艦受損部位的情況分析，最可能的航行路徑確實有二：一則是由艦艏右前方而來，另一則是由艦艉右後方而來；不過此二路徑，還是以艦艉右後方而來遭到碰撞是最有可能，主因即在於聲納所能偵測的機率與範圍。

日本蒼龍號潛艦上浮返港時，由艦艉上後方空拍的受損情況 (圖片來源：日本網路公開資料)

日本蒼龍號潛艦上浮返港時，由艦艏右前方空拍的受損情況 (圖片來源：日本網路公開資料)

## 潛艦與商船碰撞前後的相對運動位置

　　自衛隊海上幕僚監部、海保廳表示，當時潛艦蒼龍在艦上約有 65 人，正在執行例行性訓練(依據台灣海軍的慣用術語，就叫做「複訓」)，由上述的逐步推論與分析可知，當時潛艦在操作深度進行目標搜索時，確實發生疏忽未能發現位於右後方這艘滿載鐵礦石的散裝貨船，以至於執行改變深度回到潛望鏡深度時，突然驚覺在右後方出現 51,208 噸的龐然大物，在下令緊急下潛的同時，散裝貨船已經以 12 至 15 節的高速由右後方撞上，雖然潛艦正在執行緊急下潛，卻未能來不及躲過，吃水約高達 16 至 18 呎深的散裝貨輪水下球型艦艏，首先撞上潛艦的帆罩，然後摧毀打斷了潛艦帆罩上方的右平衡翼，所幸這艘 51,208 噸的龐然大物擦撞 2,950 噸的蒼龍號的一瞬間，因為水下的作用力與反作用力，導致將潛艦向貨船的左前方推出，貨船由於沒有停車動作繼續快速航行通過，亦導致潛艦其他部位無任何損傷(如艦艉的 X 型舵翼和大角度鐮刀型車葉，如果同樣損傷後果不堪設想)。

## 雙方必須承擔的責任與後續可能的國際海事官司

由於貨船係在正常的海域執行其運輸的航行任務,正依計畫自中國山東省青島港朝日本岡山縣倉敷市的水島港航行,意外遭到蒼龍號碰撞之後,因貨船上人員無人受傷,貨船繼續航行通過高知縣室戶岬外海,北上紀伊水道。3 小時日本得知碰撞消息之後,日本官方也立即經由海上保安廳與貨船聯繫,發現對方似乎沒有發現船舶遭到碰撞,因為並沒有感受到碰撞產生的震動,因此也確認貨船水下的船體應該也沒有損壞。

而蒼龍號係具備各式的軍事偵測裝備,理應有足夠能力避免任何航行意外的發生,因此針對此次意外事件,日本「蒼龍號」潛艦係應負中國香港及貨船要求賠償的「全責任船」。倘若雙方於後續協商時,有任何一方針對的責任和賠償事宜提出不滿,就僅能逕行向國際海事法庭提出控訴,雖然官司的判決有可能會曠日廢時,但是由於日本「蒼龍號」潛艦係「全責任船」,最後還是會敗訴,必須接受更多的損失要求。

另就人員的職責而言,中方香港籍貨輪的船長、大副、航海員與駕駛員,應該都會無任何責任;反之,日本蒼龍號潛艦的當時值的首席資深聲納士官,將是被質疑的首要人員,如果在發生意外碰撞之前,他有提出警告就能於免責,而接受到他提出警告後卻無視值更官,則就必須擔負起首要的責任,潛艦的艦長和副艦長必然也要擔負起重責,甚至可能接受軍法的調查之後依規定法辦,不過所幸雙方無人員重傷或死亡,因此最重可能就是撤職查辦潛艦永不錄用。

不過,在意外發生之後,蒼龍號潛艦的艦長能夠緊急的應變,避過可能再次發生的二度災難和損害,如:失去電力或動力、深度失去控制而掉到破裂深度,潛艦內部發生失火或是泛水;並且重新掌控海域全般動態之後,再次回到潛望鏡深度,然後再安全執行上浮,緩慢地浮航前進,直到獲得日本水面伴護艦的陪同,返回到上級指示的最近救援目標港口,對此艦長當記一功,只是「功與過」乃二碼子的事,所此必須分別論斷,但不能忽視。

## 日本可能被迫要求提出航行所有紀錄資料

此外,若中日雙方真的無法私下和解,任何一方在一怒之下提出國際海事訴訟打上了官司,那中國香港及貨船很容易也會很迅速地提供所有的航海資料和航行紀錄,反而是日本海上自衛隊會開始猶豫如何面對和提供紀錄與資料;不過,潛艦圈的專業人士幾乎都知道,潛艦的戰鬥系統具備「目標評估顯示」(CED)的功能,即使較舊型 1980 年代的潛艦設計都有能夠儲存 24 小時的基本功能,就日本蒼龍號如此先進的潛艦戰都系統,其「目標評估顯示」(CED)的功能可能都可以儲存其自出港執行

航行任務之後，返回母港停泊的所有紀錄的航行資料，因此對於「目標資料回放」是絕對有更完整更清晰的狀態檢視回復，且此彷如飛機的「黑盒子」一樣，是完全無法進行「竄改」，日方只能進行選擇性「擷取」，但是中方必然絕對不會同意，反而會在政治和外交的層面上強硬要求「全程提供與公布」，這樣的蒼龍號潛艦執行任務的機密行蹤與戰鬥系統的功能可能就會遭中國解放軍獲得並進行詳細的專業分析；因此，日本海上自衛隊必然不希望這樣的情況發生，並被迫必須提供，所以「同意和解進行賠償」或是「被訴被迫給予賠償」，應該是必然的可見的結果。

## 調查結果我海軍潛艦應是為殷鑑

　　蒼龍號潛艦發生事故後並沒有回到母港，而是直接駛入最近的高知港，日本第 5 管區海上保安總部(神戶)於事發後第二天 2 月 9 日即啟動調查，同時日本運輸安全委員會的船舶事故調查官 10 日開始進行調查，此外派遣潛水員在神戶港對被撞的貨船進行水下船體的鑑識。對此次日本蒼龍號潛艦的意外事件，在未調查完畢之前，日本卻官方卻已經有所定論，日本海上幕僚長(位階相當於參謀總長)山村浩在 2 月 9 日的記者會上指稱：「過去就曾經對潛艦訓練艦朝潮號於 2006 年在宮崎縣近海，執行上浮時與油輪相撞一事，我們儘可能地研究分析採取了對策，但對於此次事件，仍將嚴正調查為何會再次發生事故」。對此，日本蒼龍號潛艦係亞太地區裝備最先進和人員訓練最精銳的潛艦，但如今確實顯示蒼龍號潛艦的訓練確實出現問題，台灣的潛艦的能力和訓練還算是不錯，但日本蒼龍號潛艦此一事件，實在還是要好好參考引此為殷鑑！

■「層次深度」(Layer Depth)：

海水本身具由其複雜的各種物理特性，依據海水的溫度、鹽度、密度和流速會隨時改變，一般而言在海面下 0 到 100 公尺，溫度、鹽度變化較小，聲速因深度增加而增加；100 公尺至 500 公尺以上，溫度變化大，聲速因溫度減小而減小。500 公尺以下，溫度、鹽度變化較小，聲速因深度(壓力)增加而增加。當水溫出現劇烈的轉變，就會出現所謂的「層次深度」(LD)，聲音在層次深度時，上面水層聲速較慢，所以聲音會向上偏折，則聲波會在海水表層產生「導管效應」，水面船舶聲納所發出的聲波或噪音在此表層可以傳播很遠，但聲音過了層次深度時，下面水層海水聲速慢所以聲音向下偏折，因此聲音無法穿入中層海水因此會形成所謂的「陰影區」。以台灣為例：秋、冬季期間，由於上層海水溫度較低，容易形成層次深度，使得偵測距離較遠，在春、夏季期間，表層海水溫度升高，不易形成層次深度，連帶使得偵測距離較短，其不確定性（標準差）亦較秋冬期間為高，聲納偵測效益不佳。海

洋深層(750 公尺以下)溫度及鹽度幾乎不變,其下聲速因深度逐漸增加而增加,當海洋深度足夠深時,聲音的路徑將折射向上,至海水表面之後反射向下,即形成所謂的「匯音區」(Convergence Zone)。

■「方位變率」(稱之為 bearing rate 或是 rate of bearing variation):
是潛艦聲納系統對「目標戰術運動分析」(TMA)的重要關鍵因素之一,聲納感知器(Sonar Sensor)仍是目前潛艦對水下目標偵測的最有效裝備,以僅有所知的方位偵測音源為主的目標運動分析法則 (Bearings-Only Target Motion Analysis, BO-TMA),可對目標進行隱密的狀態估測。被動式目標運動分析主要針對保持定向定速(Constant Course and Speed, CCS)運動之目標,觀測者必須進行戰術運動(Maneuver),使目標成為可觀測(Observable),以獲得之方位參數對目標進行狀態估測。潛艦若進行較佳之戰術運動,將可得到較佳之目標狀態解析;通常目標經過中精準的追蹤,會呈現三種的方位變率不同情況,分別是「左移」、「不變」和「右移」,這三種又再可依快慢,分為六種,分別是「快速左移」、「快速不變」、「快速右移」和「慢速左移」、「慢速不變」和「慢速右移」等,據此潛艦能夠再看不到目標的情況下,依據聲納如同「瞎子聽音辨位」一般,精準掌握目標的方位、距離和速度。

# 附錄 2：台灣潛艦上需要養貓？

本文受邀撰寫專欄，內容曾刊登於 2021 年 3 月 13 日，《ETtoday 雲論菁英》。
https://forum.ettoday.net/news/1937122

今天個人想來討論個有關潛艦輕鬆有趣卻也很重要的話題！就是「潛艦上需要養貓？」因為有臉書的網友，指出前蘇聯潛艦上都會養貓，並視為各潛艦的唯一「吉祥物」，給予非常的良好待遇，至於如今的俄羅斯似乎也仍然為此這樣的傳統；其實對這個強國人的海軍，並不僅僅是潛艦養貓，水面作戰艦甚至航空母艦都會養貓(至少一隻以上)，持續維持這樣的海軍特殊傳統文化，而世界上其他的國家如英國或美國的作戰艦上，也曾經因為需求而養貓，但是不論如何，養貓的主要原因都是防範「鼠患」，也就是「清除或抓光艦上的老鼠」；那麼問題是台灣海軍的潛艦是否也有養貓嗎？有必要養貓嗎？

## 軍艦養貓的歷史與現況

追溯艦船上養貓已經有上千年的歷史，過去在帆船時代，最大的威脅除了敵人、海上的颱風(或是強風暴雷雨)就當屬「老鼠」了，它會啃食船體造成結構破壞、任意糟蹋船上食物(一顆老鼠屎，壞了一鍋粥)，滋生細菌引起傳染病等；軍艦養貓主要目的除了抓老鼠，也可以成為船員們的身心療癒的寵物，於是軍艦上養貓逐漸成為西方海軍的傳統文化保留至今。

直到 1975 年老牌的海權國家英國海軍，才基於衛生等因素禁止在艦上養貓；但目前似乎世界上如美國、俄羅斯等國海軍，仍然准許在艦上養貓，連俄羅斯海軍的「庫茲涅佐夫元帥」號航空母艦上，也可以看到艦貓在飛行甲板上閒晃，成為西方國家海軍的有趣傳統。俄羅斯海軍曾經有一隻橘貓於 2016 年 10 月 15 日隨「彼得大帝號」巡洋艦遠征敘利亞，在艦上生活了近 4 個月航程達 1.8 萬海浬，是俄羅斯海軍有史以來，隨艦遠征最長紀錄的艦貓。

俄羅斯海軍「彼得大帝號」巡洋艦上養的橘貓
(圖片來源：鷹之翼-軍事，2018 年 10 月 8 日。https://kknews.cc/zh-tw/military/3b52gyo.html)

俄羅斯海軍「彼得大帝號」巡洋艦上養的橘貓

(圖片來源：鷹之翼-軍事，2018 年 10 月 8 日。https://kknews.cc/zh-tw/military/3b52gyo.html)

在俄羅斯海軍「庫茲涅佐夫元帥」號航空母艦閒晃的貓

(圖片來源：鷹之翼-軍事，2018 年 10 月 8 日。https://kknews.cc/zh-tw/military/3b52gyo.html)

在俄羅斯海軍「庫茲涅佐夫元帥」航空母艦上蹓達的艦貓

(圖片來源：中廣新聞網，2017 年 5 月 9 日。
https://today.line.me/tw/v2/article/4f65bd5583ee41c08c05514a2e6ba77fd0d4dbdcec0567004aef55fc4a2f8c0c)

## 現代全世界艦船停泊必備的「防鼠器」

現代的船艦要對付老鼠有很多種方式，如投放鼠藥、鼠夾、黏鼠板等器具，不過這些方法都不是很好的方法，原因老鼠會死在艦船上，容易在發現時就已經發臭腐壞孳生病菌；目前全世界最通用且有效的辦法，卻是一個簡單的物理工具，叫做「防鼠板」(或稱擋鼠板，rat guard)。由於老鼠會登上艦船的主要途徑，就是在艦船靠岸停泊碼頭時，順著連接碼頭與船隻的纜繩，趁著暗夜無人警覺的情況下偷偷登上艦船；因此防鼠板就依據這樣的原理設計一個像倒錐形或是垂直面的盾牌型擋板，讓老鼠很難輕易越過；更有趣的是，各艦船(特別是軍艦)大多會在防鼠板的正面，彩繪畫上各式各樣「貓的圖騰」，藉此在視覺上恐嚇想偷溜上船的老鼠。

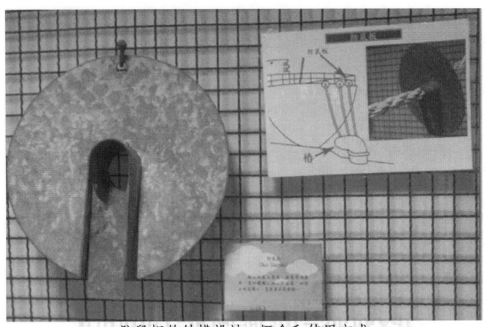

防鼠板的結構設計、概念和使用方式
(圖片來源：網路截圖)

安平港德陽艦(DDG-925)的擋鼠板簡介
(圖片來源：網路截圖)

擋鼠板實際的效用
(圖片來源：網路截圖)

## 台灣潛艦曾因老鼠引發失火意外

　　以個人親身經驗為例，台灣海軍「茄比級」(Guppy II)潛艦其中的一艘，就曾經因為一隻老鼠引發失火意外，造成裝備與主電源線若干的損傷；某一日該潛艦於高雄左營基地泊港整備，當天晚上執行例行性保養充電時，一隻早已偷偷登上藏匿在潛艦的老鼠，或因為成長磨牙，意外咬破位於指揮塔下方的主電力線(直徑約一吋粗)，老鼠當場遭電死，卻引發冒煙起火，瞬時濃煙開始瀰漫整個艙間；最糟糕的是，當是充電階段正進入「飽和產氣」階段，也就是因為大量電流進入電瓶，電瓶處於大量產生氫氣的階段，任何一點火星或是氫氣聚集濃度超標，都會引發潛艦嚴重爆炸；所幸艙間值勤的士官兵及時發現，立即發布失火警報，也正巧副艦長登艦視察中，全艦在副艦長的指揮與領導下，依照過去反覆訓練的標準作業程序(SOP)因應：停止充電、隔離失火艙間，切斷主電纜電源、加大電瓶艙通風流量、人員進行滅火、然後找出失火原因、避免復燃等等措施。最後，在此主電力線下找出一具已經約 15 公分燒焦的老鼠屍體，不過造成潛艦上的一陣驚險不在話下！事後，為了更換這條受損的主電力線，除了要暫停執行任何任務泊港二週進行維修之外，還要另外花費近百萬元台幣採購新電纜，可見老鼠對潛艦危害之大！至於老鼠是怎麼溜上潛艦的，因為潛艦各條纜繩也都嚴格規定必須使用防鼠板！經過事後的分析研判，只有二種可能，一則是潛艦是泊港時連結岸置電力與供氣設施的電纜或管線，因為未特別訂製增設防鼠板，因此

91

可能形成漏洞;二則,就是潛艦補充糧食時,老鼠已經躲藏在內跟著登上潛艦。對此,潛艦後續都進行檢討並修正作為,除依據岸置電力與供氣設施的電纜或管線大小,增訂特殊尺寸的防鼠板外,並於潛艦補給糧食時,必須將所有登艦補級品,於岸上一一打開拆零分散檢查無誤之後,再裝入特製鋼桶中吊放入潛艦。

　　台灣海軍基於衛生和防疫考量,也由於航行任務的期程通常很短,即使是每年例行的敦睦支隊遠航,也不超過 3 個月;並且現代化的裝備多為「按鈕、按鍵或觸控式螢幕」,貓極容易因為行動、跳躍或好奇而誤觸,這將會產生意外不可預料的災害;因此並沒有這樣特殊的海軍文化傳統,台灣海軍禁止在艦上養貓,當然潛艦規定更為嚴格亦是如此!

# 附錄 3：蟲蟲危機吞食美國先進海狼潛艦戰力

本文受邀撰寫專欄，內容曾刊登於 2021 年 3 月 16 日，《ETtoday 雲論菁英》。
https://forum.ettoday.net/news/1939231

　　依據 2021 年 3 月 10 日美國《海軍時報》(Navy Times)的報導，美國最先進的海狼級核動力快速攻擊潛艦第 2 艘「康乃狄克號」(USS Connecticut, SSN-22)，該潛艦於 2020 年 3 月在北冰洋參加「ICEX 2020」演習時，艦上發生蟲蟲(bed bug)危機，這種蟲在軍營最多這種東西，他們命為「忠貞龜」，學名就叫做「床蝨」或「壁蝨」，通稱為「臭蟲」，一旦被咬(應該說是被吸了)既痛又癢，至今已經一年仍然無法解決這個困擾的問題。

美國海狼級核動力潛艦「康乃狄克號」與其艦上發現的臭蟲
資料來源：美國《海軍時報》官網(Navy Times)，2021 年 3 月 10 日。
Geoff Ziezulewicz, "Critters under the sea: Naval submarine 'Connecticut' invaded by bedbugs", Navy Times, March 10, 2021. https://udn.com/news/story/6809/5311442?fbclid=IwAR24pMCd5-XF-lCbUSRAg7OFh_FkXPuYZq41Jk8z5dVKEHSHemgADvnOXQ8

# 先進潛艦面對臭蟲的無奈

該艦係 1997 年 9 月 1 日下水，1998 年 12 月 11 日服役，母港位是位於美國華盛頓州基沙普郡(Kitsap County)的「布雷默頓」(Bremerton)海軍基地。潛艦士官兵聲稱，他們在 2020 年的大部分水下服役時間內，都在跟這種臭蟲作戰，潛艦官士兵每日執勤時最怕遭受到「臭蟲」的侵擾。

艦上的士官指出，臭蟲肆虐的情況真的很糟糕，以至於很多士官兵不敢回床鋪睡覺，寧願睡在椅子上或乾淨的金屬地板上，為了就是能夠逃避這些難以捉摸的吸血鬼。艦上士官指出，在執勤的期間使用一種解決方案就是高溫蒸床鋪，以期能夠殺死臭蟲，但那沒有什麼作用，因為蟲卵已經到處漫延而殺不甚殺。艦上的一位下士指出：事實上證明，我們長達一個月付出的辛勤努力都是徒勞無功。此外，士官兵手試圖用膠帶將牆壁和艙間的縫隙予以封填住，但是仍然不可能完全封住臭蟲的出入口，因為這些臭蟲可以擠過像牙籤一樣的小開口。肯塔基大學教授後續則指出，僅使用蒸煮方式，通常也不能充分滲透臭蟲所在的織物和其他材料。

會有很多人認為，運用水煙劑應該很容易就能夠清除臭蟲，事實上在潛艦並不適合使用，因為現代潛艦有很多精密的電子裝備，一旦使用水煙劑後續將很難清除，很可能會損壞這些高精密的電路系統，特別是美國海狼級這樣昂貴的潛艦，損失將會更大。

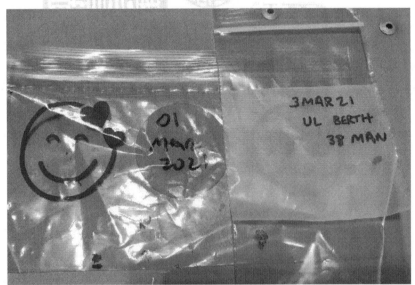

美國核動力潛艦康乃狄克號於 2021 年 3 月 1 日與 3 月 3 日分別檢驗出的臭蟲
資料來源：美國《海軍時報》官網(Navy Times)，2021 年 3 月 10 日。
Geoff Ziezulewicz, "Critters under the sea: Naval submarine 'Connecticut' invaded by bedbugs", Navy Times, March 10, 2021. https://udn.com/news/story/6809/5311442?fbclid=IwAR24pMCd5-XF-lCbUSRAg7OFh_FkXPuYZq41Jk8z5dVKEHSHemgADvnOXQ8

## 上級不重視蟲問題，官兵強調影響士氣

美國海軍陸戰隊太平洋地區發言人辛西婭‧菲爾茲(Cynthia Fields)說明，該艦指揮官(艦長)於 2020 年 12 月返回華盛頓州母港之後，才首次報告這個嚴重的問題，直到 2021 年 2 月 19 日才發現臭蟲的「實際存在」的嚴重性。2020 年 12 月返回母港之後，雖然艦上的床墊、亞麻床單和隱私窗簾都已經被清洗或更換，但臭蟲仍然又回來了，根本沒用作用。

由於上級司令部長官並未認真正視這個他們認為得「蟲子小問題」，艦上官員與海軍總檢察長(Naval Inspector General)聯繫，並告知聯繫了《海軍時報》(Navy Times)，因為這個重重問題已經很嚴重，若不好好解決將造成潛艦官士兵工作與生活得壓力，導致沒有充足的休息和睡眠，此將造成全艦的士氣低落。

太平洋潛艦部隊(SUBPAC)的發言人菲爾茲則說明：當 2020 年 12 月該艦首次報告臭蟲問題時，已經迅速採取了行動。海軍昆蟲學家也開始監視包括研究「致命對策」(deadly countermeasures)，但是部分潛艦軍士官亦擔心，由於會把蟲卵帶回家給他們的配偶和孩子，因此放假也不願意回家。一位士官則強烈批評高層：「他們把人當作零件，而把零件當人看。」(They treat people like parts, and parts like people.)。

## 台灣潛艦過去是如何因應類似情況

反觀台灣潛艦部隊的 4 艘潛艦過去是如何因應類似的問題，由於潛艦的特殊環境屬於完全密閉空間，主要防疫對象是傳染性的「病毒」或「細菌」，而間接防範的危害目標有三：依據優先順序即「老鼠、臭蟲、蟑螂」！老鼠的危害最大，因其除了可能會傳播鼠疫之外，就是會隨時咬壞電路配線，造成重要的裝備失靈。

而台灣潛艦鮮少(應該說幾乎未曾發生)會像此次美軍海狼級潛艦遭到臭蟲為害的原因，主要在於：

一、潛艦執行任務的時間較短(最長僅一個月的水下耐航訓練)；
二、艦上布織品經常換洗(約每一至二週一次)，床墊固定實施曝曬(至少約每月一次)；
三、每逢定期保養、期中進塢維修或三年一次的大修，潛艦內部都會依據時間實施不同程度的消毒措施；
四、官士兵個人生活清潔的習慣和素質良好；
五、一旦發現異常情況立即通報進行檢測與隔離(如感冒)。

至於蟑螂，反而是台灣潛艦較難以滅絕的害蟲，在台灣潛艦最常見的就是官士兵俗稱的「小乖乖」，此種小強也就是所謂的「德國蟑螂」(Blattella germanica)，其體型僅約 10 至 15 公厘，壽命約 100 至 200 天，其繁殖力強每次產卵約 150 至 350 顆，

屬雜食性，以廚房最多、辦公室或寢室也會出現，既難以完全清除又實在讓人討厭；而潛艦會有此種小乖乖的出現，大多也是在潛艦出服役之初，隨著官士兵的文具和衣物一併進入潛艦，是目前台灣潛艦最難以清除的害蟲，只能有效控制卻難以完全殲滅。

　　此次，美國最先進的海狼級核動力快速攻擊潛艦「康乃狄克號」發生蟲危機竟長達 10 個月未能有效解決，並可能嚴重影響潛艦官士兵的士氣，由此可見上級高階長官往往對他們自認為的小問題，確實應該多方思考(如同 2020 年敦睦支隊返國的檢疫案例)，絕對不能輕忽！

參考文獻：Geoff Ziezulewicz, "Critters under the sea: Naval submarine 'Connecticut' invaded by bedbugs", *Navy Times*, March 10, 2021.
https://tw.news.yahoo.com/%E6%9D%9F%E6%89%8B%E7%84%A1%E7%AD%96-
%E7%BE%8E%E5%9C%8B%E6%9C%80%E5%85%88%E9%80%B2%E6%A0%B8%E6%
BD%9B%E8%89%A6%E9%81%AD%E5%8F%97%E6%94%BB%E6%93%8A-
%E5%B0%8D%E8%B1%A1%E7%AB%9F%E7%84%B6%E6%98%AF-
%E5%BA%8A%E8%9D%A8-014947312.html

# 附錄 4：中國宣稱 2 成水兵有精神問題？高壓、沒陽光？
# 合格潛艦官兵又是如何育成？

本文受邀撰寫專欄，內容曾刊登於 2021 年 2 月 25 日，《ETtoday 雲論菁英》。
https://forum.ettoday.net/news/1925797

　　近期依據媒體報導，上海「中國人民解放軍海軍醫學大學軍事健康管理研究所」的 5 位研究學者，於 2021 年 1 月的《軍事醫學》期刊發表一項研究報告，由於頻繁巡弋南海，長期身處狹隘空間與人工環境，解放軍派遣到南海的大陸潛艦官兵中，逾 5 分之 1 的人面臨心理健康的問題，並出現強迫性行為、焦慮、廣泛性焦慮症與軀體化障礙；其中，又以大專以上學歷的潛艦官兵，精神問題最為嚴重。

　　該研究團隊要求南海潛艦部隊的 511 名官兵完成「症狀自評量表」(Symptom Checklist-90-R)，以了解其自我知覺狀況。「症狀自評量表」是簡單卻廣泛為臨床心理學家、精神科醫師與專業心理輔導用於心理健康自我評估。其將心理症狀概分為 9 大類，如強迫症、焦慮症與敵意等。其中共 108 名潛艦官兵(佔總數 21%)有精神上的問題，研究也發現年齡在 26 歲到 30 歲之間的潛艦官兵，以及服役達 6 至 10 年的潛艦官兵，出現心理健康問題的機率較低。研究團隊分析，這可能與軍事任務的特性有關。潛艦任務風險高，年輕而健康的身體、豐富的軍旅經驗，較能勝任潛艦任務型態。

　　其實這並非中共解放軍潛艦官兵才會發生的「獨有」事件，全世界各國家的潛艦官士兵，都曾經或也會面臨這樣類似的情況；個人於服役期間曾經擔任潛艦訓練中心主任，最重要的責任就是「招募新進潛艦士官兵」和「新進潛艦士官兵合格訓練」的工作；不論是軍官、士官或是士兵，當經由招募遴選進入潛艦訓練中心，擔任見習官或是見習生，不論是軍官或是士官兵，都必須經過四個階段的心理測試和磨練，在任何階段若發生身心或是學習訓練上的問題，都將遭受必要的淘汰，並且永不再錄用的命運。

　　在招生潛艦官士兵新血之初，最主要的要求有二：「個人的熱情意願」和「通過耐壓艙測試」，想進入潛艦團隊沒有篤定的熱情是沒有辦法支持的，而沒有可以抗壓的身心也沒有辦法支撐的；擔任訓練中心主任的期間，我每年固定會到海軍官校招收海軍官校畢業軍官一期，海軍技術學校士官上、下半年共二期，海軍新兵訓練中心每季一次共計四期，我從不講潛艦的福利(因為這部分會交給上尉教育官講解)，我只明講「幹潛艦的寂寞與痛苦」，就像是姜太公釣魚之法，想來了就來，不想幹的不必浪費生命和時間！經意願與身家背景挑選過的人員，第一件事就是安排前往海軍總醫院分批進行壓力艙的測試，由於據說「經常實施加壓、有助年輕活血」，所以我幾乎

每一次都會親力親為進入壓力艙陪同這些學子們，一則好生觀察他們，二則持續訓練自己；壓力從水面大氣壓力每隔50呎增壓然後停頓觀察，如有人受不了或出現任何狀況，及減壓釋放(亦即遭到淘汰)，抑制逐次加壓到潛艦的操作深度，一般而言約有30%的人會遭到淘汰。

第二階段就是「學科能力和心理測試」，軍官必須經過四科的考試，基本上是「國文」、「英文」、「海軍基本戰術」和「海軍各類重要教則」，士官和士兵則不用測驗，但都必須經過專業的醫官進行「心理測試」，主要就是篩選可能不適合在潛艦工作的人，除了既定的心血管疾病、也包含可能潛在的「精神異常」、「人格分裂」、「躁鬱症」、「憂鬱症」、「密閉恐懼症」、「密集恐懼症」(因為潛艦有很多密集的裝備)等等，通過這些基本測試之後(一般約會淘汰20%至30%)，軍官則交由256少將戰隊長親自主持面試，士官和士兵則由上校參謀主任主持面試，主要了解家庭背景和加入潛艦的心態。

初試完全通過之後，第三階則會由潛艦部隊正式發文至各單位徵調餐與潛艦基礎訓練，基本的訓練期程，軍官為期一年、士官半年、士兵三個月(訓練方式與細節，容後續在撰文詳敘)，在這個階段不論軍官、士官或是士兵，雖然仍掛著階級，但是實質沒有任何位階，僅是「見習官」或「實習生」，在未完成潛艦的「學科教育訓練」和「術科合格簽證」獲得「潛艦合格胸章」之前，基本地位大概跟「狗」一樣，統籌由潛艦訓練中心負責，在此教育和訓練的過程，每項潛艦系統的學習都會進行考試，幾乎每周小考是必然，而後每月分階段測試，最後期末進行綜合總測驗，當然不及格的就會直接淘汰回到海軍水面艦隊或是地面後勤部隊。

通過學科測驗的，會經過一周的休息後，第四階段平均分發到各艘潛艦進行實際的「術科學習和簽證」，也就是實際去操作裝備；軍官係屬通才教育，因此的潛艦27項大系統、各式各型上百種裝備、上千個操作開關和閥組，都必須學習，士官與士兵則是依據其科別進行專業的領域學習驗證；在此階段由各分屬的潛艦協助進行，學官和學員必須依據「合格簽證本」上所列的上百項目，向相關已經合格的士兵、士官與軍官學習，之後實際多次操作認證無誤，才經由認證者簽字負責，學官和學員容許出錯，但多僅只一次，嚴重者將立即淘汰。

經過上述階段，最後合格者會在每月的潛艦部隊重要聚會時，正式頒佈「潛艦合格胸章」，並逐級呈報到海軍司令部，經審核後頒發正式合格任命，薪資自此將會加倍；不過，即使是合格的軍官、士官或是士兵，在合格加入潛艦團隊的正常運作之後，如果發生不可原諒的錯誤，不論是技術層面或是身體、心理層面，仍然會遭受淘汰。誠如媒體報導所述，潛艦的任務艱困頻繁、就高壓高強度的作戰任務，加上潛艦生活空間狹小，繁重且不容出錯的工作，長期潛航後必須忍耐不得喧嘩寂靜沉默的環境，

且不斷呼吸著汙濁的空氣，無法接觸正常的陽光，晝夜工作和生活經常黑白顛倒，這些都是國際通用的「潛艦人」(submariners)必須承受得住的能力，所以解放軍出現的情況，國際之間與我們有都是一樣，無須大小怪只不過甚少鮮為人知罷了！

# 附錄 5：澳洲拼自製潛艦卻遇上這些問題

本文受邀撰寫專欄，內容曾刊登於 2021 年 3 月 5 日，《ETtoday 雲論菁英》。
https://forum.ettoday.net/news/1931196

目前台灣自製潛艦如火如荼的進行，並預計首艘新型潛艦提前至 2024 年完成。但是依據 2021 年 3 月 1 日 Defense World 官網的報導，澳洲耗資 500 億美元與法國海軍集團(Naval Group)共同合作建造的 12 艘新型潛艦的計畫和項目有可能會被擱置，值得我方注意與借鏡。

## 澳洲建造第二代柯林斯級潛艦曾發生的過程和風險

澳洲目前使用的 6 艘柯林斯級(HMAS Collins)潛艦計畫，可以追溯到 1978 年，直到 1993 年首艘正式下水為止，總共耗費 15 年；澳洲海軍當時係為了取代 6 艘老舊的英製「奧伯龍級」(Oberon-class)潛艦。

整個潛艦自建構想的核心重點在於，相關科技轉移及建立能夠幫助澳洲永久保有潛艦建造能量的期望。澳洲海軍專案團隊相信，自行建造 6 艘潛艦將是達成澳洲國防自主工業戰略目標的第一步；儘管澳洲政府曾經獨立負責管理及執行了奧伯龍級潛艦的戰鬥系統提升案，並從中獲得相當豐富的經驗，但奧伯龍級潛艦仍極度仰賴外來零附件及技術支援。

1985 年 5 月澳洲政府接受海軍自建 6 艘潛艦的建議，從壓力殼所需要的高張力鋼板，戰鬥系統的先進軟體到實際的合約管理，整個計畫執行可以說是風險重重。幾乎每一層面，都致使澳洲海軍與澳洲工業界，面臨從未有過的創新技術及挑戰。此外，潛艦國造的決策也引發海軍及工業界間前所未有的分歧；當時因為澳洲海軍(RAN)與美國海軍之間並無密切合作經驗，所以計畫執行初期也造成了些許的摩擦。

1987 年 5 月，澳洲政府經過專案構型研析之後，宣布瑞典「考克姆」(Kockums)公司擊敗德國「霍華爾特」(Howaldswerke-Deusche Werft HDW)公司，獲得總價 47 億美元承造柯林斯級潛艦合約計畫。將以當時瑞典潛艦的技術基礎，設計出一個能匹配美製戰鬥系統的全新艦型；這是一個極為複雜的購獲策略，後來經證實其中困難度的確遠超過當時澳洲海軍計畫官員的能力與想像。

為此，「澳洲潛艦企業」(ASC)的專案公司在阿德雷得(Adelaide)成立，該公司股份分由瑞典考克姆公司、澳洲政府及美國公司共同持有。不過如此的安排，也引發後來設計者、建造者及顧客(使用者)三方面之間的緊張關係。1999 年德國霍華爾特公司併購瑞典考克姆公司後，澳洲政府在 2000 年 11 月使用優先權收購澳洲潛艦企業(ASC)公司 100%股權，使其成為完全國家擁有的公司。

澳洲政府原規劃潛艦船體部分至少 70% 由澳洲製造，以當時澳洲從未獨立自行建造過任何潛艦的情況下，此目標的確極具企圖心。新型潛艦在 Adekaude's Outer Harbour 市郊，由另一全新工業合約內簽下的技術人員進行組裝。總計整個潛艦建造共有 70 個澳洲及海外廠商參與，除了創造約 2,000 個就業機會外，更幫助超過 100 家澳洲公司獲得 ISO 9000 品質保證標準認證。不過，建造過程問題重重，也發生過可能失敗的風險，其戰鬥系統出現整合型問題，最後追加大幅預算才由美國協助解決，但若干無法達到原先預估的性能；自首艘柯林斯級潛艦正式下水的 12 年後，6 艘潛艦終於全部加入澳洲海軍戰鬥序列。

## 澳洲目前發展第三代新型潛艦可能出現的問題

據《澳洲獨立報》報導，「海軍集團」(Naval Group)負責人波梅萊特(Pierre Eric Pommellet)近期正在澳洲聯邦部長會面，以期挽救該合同。澳洲國防部原本在競爭評估過程中推薦三個競爭者，分別是德國、日本和法國，法國成為最終贏家，「海軍集團」在 2016 年憑藉其「短鰭梭子魚」(Shortfin Barracuda Block 1A)型的潛艦設計贏得為澳洲替換柯林斯級計劃，也稱為 SEA1000 計畫，這型潛艦係按法國目前正在海軍服役，縮小版的短鰭梭子魚核動力潛艦所設計。

據媒體報導，自計畫開始就產生多種困擾的原因，包括建造成本大幅提高，計畫延誤和政治因素。自與法國開始洽談計畫以來，澳洲已有 3 位總理，3 位副總理，5 位國防部長和 4 位國防工業部長等，負責參與該計畫的 15 個人中，已有 7 個人離開職務。

雖然最初估計該項目的成本在 200 至 250 億美元之間，但各方在 2016 年底簽署的一項協議顯示，成本數字是預期的兩倍即 500 億美元。到 2020 年 2 月，澳洲國會報告指出建造成本可能再增加至 800 億美元，而建造後續維持費的估計約達到 1,450 億美元；在此同時，據報導法國以 102 億美元的價格收購 6 艘梭子魚級潛艦；而以法國此型核動力攻擊潛艦，修改為大型柴電潛艦的設計和構想也被認為可能會存在失敗的風險，而依據過去上一代澳洲柯林斯級潛艦，最後改採用美國製造的系統也可能會大幅增加成本和整合的複雜性。

此外，澳洲國防部長琳達‧雷諾茲(Linda Reynolds)堅持要提供 60% 的澳洲工業參與投入，但目前低於最初宣佈時的 90%；法國堅稱無法提供更多的比例與項目，以致到了 2018 年簽署建造合約之前都尚未解決。

除了可能取消法國的建造計畫外，另一種解決方案就是再與瑞典原有建造柯林斯級潛艦的薩巴(Saab) 公司重新協商潛艦採購計畫，依據《澳洲金融評論》的報導，雷諾茲並未否認這種轉變的可能性；其指出作為柯林斯級潛艦的原始設計公司，與澳

洲潛艦艦建造公司一直保持著長期關係，支持和維護柯林斯級潛艦的型式升級擴展計劃和使用的壽命。

參考文獻：Defence correspondent Andrew Greene, "Defence Minister warns French designers of Australia's submarine fleet after company questions local supplier capability", *ABC News*, 13 Feb 2020. https://www.abc.net.au/news/2020-02-13/defence-minister-warns-france-over-80-billion-submarine-program/11963758?fbclid=IwAR1kvg7rRTjHenUjtTxatPVEqSBuM8OUkd1QL8zNaBRzy0g391NRZNnzccw)

# 附錄 6：2021 年初中國核潛艦大集結！

本文受邀撰寫專欄，內容曾刊登於 2021 年 3 月 8 日，《ETtoday 雲論菁英》。
https://forum.ettoday.net/news/1933329

2021 年 3 月 5 日國際媒體平台 Google Earth 公布了 2021 年 1 月 20 日所拍攝的衛星照片，出現中國核動力潛艦的新照片，共有 7 艘核動力潛艦停泊在海南島海軍榆林基地碼頭(計有：3 艘核動力彈道飛彈潛艦 094 型晉級、2 艘核動力攻擊潛艦 093 型商級、1 艘核動力攻擊潛艦 093 改良型商級、1 艘核動力攻擊潛艦 091 型漢級)；在此時刻意公開此類資訊，亦顯見其存在特殊的軍事意涵；其關鍵就在表示當時存在兩強「戰術對峙」之下所展現可能的「戰略意涵」。

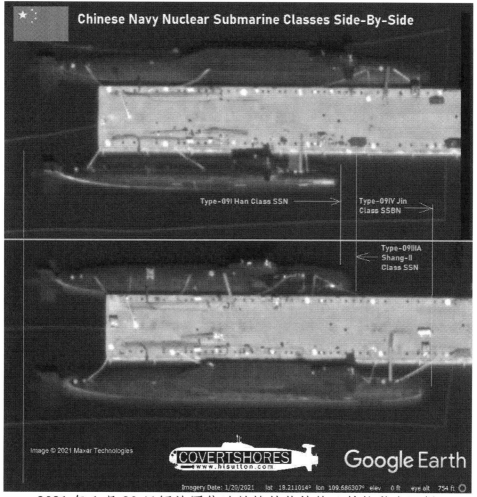

2021 年 1 月 20 日解放軍停泊於榆林基地的 4 艘核動力潛艦
(由上而下：094 型晉級核動力彈道飛彈潛艦、091 型漢級核動力攻擊潛艦、093 改良型商級核動力攻擊潛艦、094 型晉級核動力彈道飛彈潛艦，圖片來源：網路 Google Earth 所公開的衛星照片)

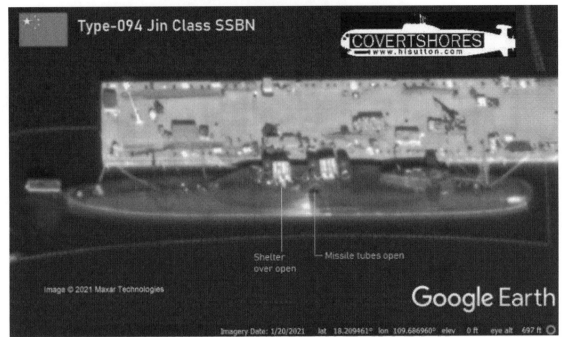

2021 年 1 月 20 日解放軍停泊於榆林基地的 094 型晉級核動力彈道飛彈潛艦
(圖片來源：網路 Google Earth 所公開的衛星照片)

2021 年 1 月 20 日解放軍停泊於榆林基地的 2 艘 093 型商級核動力攻擊潛艦
(圖片來源：網路 Google Earth 所公開的衛星照片)

# 2020 年 9 月至 2021 年 2 月西南海域態勢緊張

對於此所公布的衛星照片，必須檢視 2020 年 9 月初至 2021 年 1 月底，美、中、台三方在西南海域軍事對峙的緊張態勢；如：解放軍各型軍機(戰機、電偵機、反潛機、轟炸機等)頻頻進入西南和巴士海峽空域，2020 年 9 月 9 日 10 日解放軍海、空軍於台灣西南海域至東沙島的中間海域，進行大規模演訓，解放軍海軍分成二區模擬面對台灣海軍可能增援的路線，形成左右夾擊態勢，解放軍空軍亦兵分三路，模擬對於台灣空軍可能增援的路線進行襲擊；2020 年 10 月 9 日國軍在台灣西南方外圍海空域進行實兵「專案操演」，當日上午 7 時 45 分解放軍軍機再度進入台灣西南的防空識別區，高度 7,000 公尺，空軍照例升空警戒、並兩度廣播其離開，同一時間點，巴士海峽周邊的一架美國空軍 KC-135 空中加油機亦與一架解放軍空警 500 電偵機遭遇，形成三方緊張的局勢。

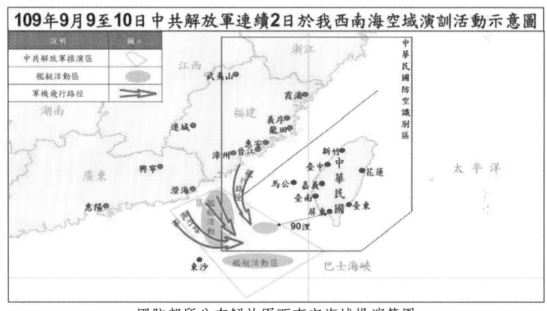

國防部所公布解放軍西南空海域操演範圍

# 解放軍海南島核潛艦部署的意涵

國際媒體平台 Google Earth 公布中國 7 艘核動力潛艦(包含 4 艘核動力攻擊潛艦和 3 艘核動力彈道飛彈潛艦)同時停泊在海南島海軍榆林基地碼頭的衛星照片，這樣的同時部署由於前所未有，因此也就非常特別，具有其特殊的軍事意涵。其實也就是反映在 2020 年 9 月初至 2021 年 1 月底之間，美中雙方在西南海域發生軍事對峙的

緊張態勢時，中國不僅僅在台灣西南海域進行海空聯合演訓，解放軍海軍規模最大最重要的海軍基地，海南島亞龍灣三亞基地亦進駐眾多的水面主力作戰艦和潛艦以備緊急因應，亞龍灣三亞基地所擁有提供潛艦靠泊地棧橋式碼頭，約可以停泊進 20 艘以上的解放軍各式潛艦，然而其更特別的是具有「洞窟式」進出口位於山洞之內潛艦停泊基地，其內可以隱匿進駐主要的核動力潛艦(無論是核動力彈道飛彈潛艦或是核動力攻擊潛艦)，因此該 7 艘潛艦理應隱匿停泊於最新建造的海南島亞龍灣三亞基地，而非是較早建造的榆林基地。

同一個海軍基地同時進駐停泊 7 艘解放軍海軍各型最先進的核動力彈道飛彈潛艦和核動力攻擊潛艦，此自然非同小可；國際媒體平台 Google Earth 之所以會公布 2021 年 1 月 20 日所拍攝位於海南島榆林基地碼頭停泊的 7 艘核動力潛艦衛星照片，而卻不公布解放軍海軍位於海南島亞龍灣三亞基地眾多進駐的作戰艦和潛艦，其停泊的態勢衛星照片，可見其重視與在意的程度。

在美中兩強分別於台灣西南海域，以演訓或監偵的方式，相互展現其海、空軍事實力之際，在同一時間同一基地進駐 7 艘各型核動力潛艦，所存在的實質軍事意涵，其實就是以明確的「戰術清晰」方式，向美國公開展示其因應美中雙方在西南海域進行演訓與監偵作為時，以核動力潛艦的「戰略嚇阻」實力，展示其避免發生意外區域軍事衝突的決心。

這也說明可能原本美軍有意在解放軍於巴士海峽西側台灣西南空識別區進行海空聯合演習之時，同時派遣航空母艦戰鬥群於相關海域進行演訓，或於後方支持台灣海空軍進行演訓，卻僅僅派遣電偵機和反潛機頻頻進出巴士海峽進行偵查，其原因就在於這同時進駐的 7 艘各型核動力潛艦，據此雙方都進行了行動克制。而 Google Earth 公布在一個月之後公布此衛星照片，並非事已過而雲淡風輕，反而具有警示的意味！至於事對何方或世界各國警示，端視立場與角度的不同而解讀！

# 附錄 7：中國與俄羅斯最憂慮的海上威脅：美國海狼級潛艦

本文受邀撰寫專欄，內容曾刊登於 2021 年 3 月 28 日，《ETtoday 雲論菁英》。
https://forum.ettoday.net/news/1947642

　　美國海軍海狼級潛艦(Seawolf-class)是目前全世界公認性能最優秀的核動力攻擊潛艦，不過美國僅生產 3 艘。在 1980 年代後期，美國海軍面臨危機。 1980 年蘇聯從「沃克」(Walker)家族情報間諜圈收到消息，美國海軍可以經由的螺旋車葉所產生的噪音追蹤其潛艦；因此前蘇聯不斷尋找更先進的機械裝備來製造更靜音的車葉；1981 年日本東芝公司經由挪威的 Kongsberg 公司出售前蘇聯當時最先進的銑床(九軸 CNC 銑床)。1980 年代中期，蘇聯的所製造的心型車葉開始嶄露頭角，新型阿庫拉級核潛艦所產生的「寬頻噪音」(steep drop in broadband acoustic noise profiles)大幅下降，且「阿庫拉級」潛艦的操作深度遠高於美國海軍的一線洛杉磯級潛艦，阿庫拉級潛艦的操作深度可以達到 2,000 英呎(610 公尺)，洛杉磯級潛艦僅為 650 英呎，雙方優勢立即翻轉。

1980 年代末期藝術家筆下的首艘海狼級核攻擊潛艦
(圖擷取自網站 http://www.mdc.idv.tw/mdc/navy/usanavy/SSN21.htm)

參加美日太平洋聯合軍演海狼級核潛艦康乃狄克號
(圖擷取自《維基百科》網站)

## 冷戰期間為對抗蘇聯所生產的高科技產品

　　為了對抗蘇聯阿庫拉級核潛艦的威脅，美國海軍開始研發「海狼級」核攻擊潛艦，其設計採用 HY-100 鋼板的合金船體設計，厚度約 2 英吋，HY-100 鋼板的強度比洛杉磯級使用的 HY-80 鋼板高出約 20％，可以承受更大深度的海水的壓力，操作立即提升至 2,000 英呎，而破裂深度估計提高到 2,400 至 3,000 英呎之間。

　　海狼級潛艦相較前蘇聯或是現今的俄羅斯各型和潛艦的最大優勢，其實並不在於武器飛彈，而是「靜音能力超強」、「聲納偵測精準又遠」和「高速前進部署」。海狼級潛艦相較前一代潛艦設計，全長減短 7 英呎僅 353 英呎(108 公尺)，寬度卻增加了 20％增寬 40 英呎(12 公尺)，潛航排水量增加至 12,158 噸。海狼級潛艦由一部「西屋」(Westinghouse)公司所生產的 S6W 核反應爐提供動力，驅動兩台蒸汽渦輪機(steam turbines)，總功率達到 52,000 軸馬力，使用噴射水泵推進器，水面航行速率 18 節，水下最大速率 35 節，最佳靜音速率約為 20 節。海狼級配備 BQQ-5D 聲納系統，

## 附錄 7：中國與俄羅斯最憂慮的海上威脅：美國海狼級潛艦

該系統具有直徑為 24 英吋弓形安裝於艦艏的球形有源和無源陣列聲納，以及寬孔徑的無源舷側陣列聲納，並安裝以 TB-29A 改良型的拖曳陣列聲納系統，並配備 BQS-24 聲納系統，用於探測近距離的水雷或物體。該艦最初的作戰系統是採用「洛克希德·馬丁公司」(Lockheed Martin)的 BSY-2，該系統使用由 70 個「摩托羅拉」(Motorola) 68030 處理器組成的網絡，該處理器與早期麥金塔(Macintosh)電腦的處理器相同，現已被更先進的 AN／BYG-1 武器控制作戰系統所取代。擁有 8 具魚雷管，最多可攜帶 50 枚 Mark 48 重型魚雷、潛射魚叉反艦導彈和戰斧巡弋飛彈，部分也可以替換為水雷。

根據美國海軍分析指出，海狼級潛艦在水下全馬力高速航行時的噪音，要比改良型洛杉磯潛艦低 10 倍，而靜音度卻比舊型的洛杉磯級潛艦高出 70 倍。她能夠以過去潛艦兩倍的速率於水下寂靜地航行。

海狼級潛艦的艦艏球型聲納陣列：上方的大型圓球是直徑 24 英（7.315m）的被動聲納陣列，下方連接在一起碗型陣列的是主動陣列聲納，球型被動陣列聲納外部則架設了低頻被動聲納的陣列（三層）。

(圖擷取自網站 http://www.mdc.idv.tw/mdc/navy/usanavy/SSN21.htm)

## 太貴又無對手暫時減量停產保留技術

　　海狼級潛艦最大的缺點就是太貴,海狼級潛艦原計劃的總經費估計為 12 艘潛艦 330 億美元,當前蘇聯 1989 年瓦解後,美國冷戰的威脅不在,瓦解後的蘇聯於 1991 年終止的阿庫拉級和後續潛艦的建造,因此美國決定將計劃縮減為 3 艘耗資 73 億美元。

　　海狼級的第三艘「吉米·卡特」(Jimmy Carter)號,進行的若干修改,使其能夠支持秘密的特種作戰,艦長增加 100 英呎,該船段部分稱為「多任務平台」(MMP, Multi-Mission Platform),能夠在水中發送和回收遠程操作的載具/無人水下航行器以及海豹突擊隊和小組所需的裝備,它包括最多可搭載 50 位海豹突擊隊員或其他附屬人員的裝備,其還具有前後輔助操縱裝置,可進行海底電纜竊聽和其他間諜活動等情況下的精準操縱。

美國海狼級第三艘「吉米·卡特」(Jimmy Carter)號核潛艦的特殊裝備分佈圖
(圖擷取自網站 http://mil.news.sina.com.cn/p/2006-04-21/0719365237.html)

## 面對新的對手美國重啟生產新型海狼級潛艦

　　21 世紀的美國重新定義新的對手:再次強大的「俄羅斯」和逐漸崛起的「中國」;美國印太司令部司令戴維森上將(Adm. Phil Davidson)於國會報告時即曾指出:「美國海軍在太平洋地區面臨愈來愈大的挑戰,比 2008 年增加至少 3 倍壓力,多來自中國、北韓與俄羅斯。」因此決定特別必須強化水下海權的絕對主導和掌控的能力。

　　2019 年 12 月 3 日美國《有線電視新聞網》(CNN, Cable News Network)報導指出,美國羅德島州聯邦參議員傑克里德(Sen. Jack Reed)於 12 月 2 日透過推特公開表示,美國海軍將投注 222 億美元(約新台幣 6771 億元)經費,增購 9 艘新型「維吉尼

## 附錄7：中國與俄羅斯最憂慮的海上威脅：美國海狼級潛艦

亞級」核動力潛艦(Virginia-class)，以強化水下戰力的不足，預計在 2025 至 2029 年期間交付美海軍。該新型潛艦與現服的有所不同，將升級排水量至 10,000 噸，艦長增加至 140.2 公尺，擁有 12 座垂直發射系統(VLS)，原可裝載 28 枚戰斧巡弋飛彈(Tomahawk)和 Mk-48 型魚雷，該新型艦將增載至 40 枚。同時也在合約內保留建造第 10 艘選擇權，一旦動用足夠的預算總金額將上看 240 億美元（約新台幣 7320 億元）。美軍太平洋司令部情資中心前主任切斯特(Carl Schuster)對此表示：「此一增購可視為美國對中國在西太平洋擴張海權的最新回應，中國海軍的實力不斷升級強化，讓美軍必須要有所回覆，雖然不是將中國視為敵人，但仍需要進一步深入觀察監督。」

由於俄羅斯重新塑造北方艦隊，北約組織對於俄國潛艦在巴倫支海、北極海的活動越趨警覺；就在美國與俄羅斯角逐北極海控制權之際，挪威重啟了一個冷戰時期的秘密核潛艦基地：「奧拉夫斯韋恩」(Olavsvern)，該基地於 2002 年關閉，為了與俄羅斯修復關係，曾經於 2015 年被租給俄國天然氣公司及其他國營企業的地震研究船使用。該基地位於挪威北部城市特羅姆瑟(Tromso)具有深水碼頭，能夠停泊核潛艦，距離俄羅斯邊界僅約 350 公里。依據媒體《澳洲人報》2020 年 10 月 13 日的報導，奧拉夫斯韋恩基地將開放給美國 3 艘海狼級潛艦進駐，在報導的前幾周，美國已派遣前資深官員前往視察基地，10 月 9 日挪威國防部長通過許可協議，除挪威本身之外，將允許美國國防部及北約盟國使用該基地。

美國意識到俄國斯海軍核潛艦實力正在逐步恢復，除了在大西洋的活動次數，已增長到冷戰結束後的最高水平，且近期俄羅斯最新型改進型「亞森-M 級」第 4 代攻擊型核潛艦「新西伯利亞號」已於 2019 年 12 月下水，而所研發的「波塞冬」(Poseidon)潛射核魚雷可在水下 3,128 英呎發射、其可攜帶千萬噸級 TNT 當量的核彈頭。此外，中國海軍潛艦數量也在持續快速增長，明顯對美國西太平洋海域的海上霸權形成威脅。

為了遏制中俄海軍潛艦，如今美國海軍開啟新型的「海狼級」核攻擊潛艦的建造計畫似乎勢在必行，目前計畫暫時命名為「SSN(X)級」，預定 2030 年代設計問世，並期望以每年 2 艘的速度建造 30 艘，惟依據美國國會預算辦公室的分析指出，新型潛艦最終建造單價可能更加昂貴將高達 55 億美元。中國現今建造最新的核潛艦技術與美國的海狼級核潛艦，或許仍有至少 20 年差距，然中國目前仍在急起直追當中，其速度之快令美軍憂心，然最關鍵的重點仍是「有沒有錢」！

波塞冬魚雷接近目標城市，改變至攻擊深度，準備引爆製造海嘯的想像圖
(圖擷取自網站 https://strategy.style/archives/russian-navy-poseidon-nuclear-unmanned-underwater-vehicle)

紐約市遭攜帶 30 萬噸核彈頭魚雷攻擊後，破壞範圍示意
係模擬後擷取自 https://nuclearsecrecy.com/nukemap/ 網站。
(圖擷取自網站 https://strategy.style/archives/russian-navy-poseidon-nuclear-unmanned-underwater-vehicle)

# 附錄 8：潛艦國造開工後，首艘潛艦將會面臨的問題！

本文受邀撰寫專文，內容曾刊登於 2020 年 1 月 21 日，《新新聞周刊》，第 1768 期，頁 30 至 33。

潛艦國造原型艦正式開始建造，計畫在 2024 年完成下水，2025 年完測試與驗證交付海軍；盤點這五年各階段所會面臨的問題和挑戰，均有待一一克服。潛艦國造於 2020 年 11 月 24 日舉行動工典禮，雖然台船宣稱已具備高張(力)鋼板的彎板機具和焊接技術能力，在外籍顧問的指導下可順利完成。但經系統性盤點後，從 2021 年 2025 年交艦給海軍的這五年期間，每年都有諸多困難尚待突破，關關都涉及全案是否得以順利完成。

## 第一年：焊接與開孔作業成關鍵

在 2021 年最困難的關鍵處，就是艦艏前端頂蓋壓力殼焊接，以及開孔與安裝複雜的六具魚雷管，接著得處理艦艉壓力殼的焊接、車葉大軸和 X 舵翼位置的開孔。如能順利克服，第二階段的挑戰是中段上方的壓力殼，要在此處預留帆罩內各型艉管的開孔作業。

## 第二年：紅區裝備安裝最困難

第一年的工程若順利，各式主動力、主電力、輔助動力與電力和作戰等裝備系統也都能順利到位，在 2022 年即可依據各段位置開始陸續安裝；由於各區段的裝備、管路、線路和零附件的組裝數量成千上萬，因此會格外複雜，不能有絲毫差錯，否則將無法順利進入下一階段的工程。

除了裝配「精準度」挑戰嚴峻外，最困難的就是「紅區裝備」的安裝，這包括各型的聲納系統(主動聲納、中頻環型被動聲納、舷側測距聲納等，此外不知是否還包含裝配拖曳被動聲納)，以及「絕氣推進系統」(AIP)等裝備。

在電力系統部分，媒體於 2020 年 11 月 3 日報導，海軍造船發展中心主任邵維揚少將透露，將採用國內廠商所發展的「高效能電池技術」，推論此技術很可能就是「鋰電池系統」。如要採用國產鋰電池模組，就必須先通過安全測試。例如：防爆、抗壓、防濕度、防腐蝕、抗高溫，和防止海水滲漏所造成的破壞；單一鋰電池或許容易完成，但是對潛艦經過串聯、並聯後，近三百餘顆以上的鋰電池的模組而言，整合性安全測試，樣樣都是大考驗。

在未能測試通過之前，必然無法裝艦且會造成船段工程延宕；即使下定決心繼續建造，後續鋰電池只能經由艙口吊放進入艙間進行組裝，其工程亦有難度，反而更

加耗時。

## 第三年：三個船段合體須零誤差

若上述第二年工程順利，內部裝備亦安裝完成後，2023 年的重大工程，就是前、中、後段三個艦體開始進行組裝和焊接；船段合體時不僅僅是壓力殼焊接不能有任何誤差或疏漏，各區段內部的分項結構和管線結合「精準度」，都是重大考驗。

萬一出現嚴重誤差，可不是「硬坳」、「焊個彎管」或「接個軟管」就能解決；因為這會影響原來的設計標準，或降低裝備或系統工作效率，甚至產生不明來源的震動噪音。未來作戰時如遭遇近距離爆炸震波，結構和管線會從有誤差的地方，開始產生破裂，導致難以預測的危機。

當各區段壓力殼外部、內部都組裝完成後，外部大型裝備接著要開始陸續安裝，包括外部管路、車葉、前翼、X型後舵翼、帆罩，與各型桅管等裝備。第三年的全艦性組合與焊接，如果出現任何問題，都會導致後續測試計畫遭到拖延。

## 第四年：美方真會出手協助系統整合？

2024 年是測試關鍵階段，全艦系統要在台船密閉式造船乾塢場內，經由岸置供電、供氣和部分供油，進行全艦各個分系統測試；待各分系統測試完畢後，才能進行組合系統與全艦共同性測試。

在此過程，只要任何一個分系統出現問題，都可能會影響其他分系統的進度，必須盡快地找出問題修正和解決。以南韓為例發展至今，開始自製第三代新型潛艦，初期在建造第一代 209 型潛艦時，第一艘和第二艘均於德國建造，南韓工程師和技術人員在一旁前往學習和接受技術指導。即便如此，南韓轉戰本土接手自製第三艘潛艦時，還是發生壓力殼精準差異，和管路滲漏等若干問題，因遲遲無法解決，造成計畫延後。此階段作業也易引發內部火災燒毀潛艦，荷蘭、美國、俄羅斯等國際知名建造國家都曾發生過，足證施工複雜程度，必須非常小心謹慎。

此階段最困難的挑戰就是「系統整合」的問題。由於潛艦國造裝備大部分是以「商售」方式採購，各得標廠商只會負責自家裝備系統，能夠順利安裝和地面測試正常即可。我方「多國聯合」模式下，當系統整合出現問題時，極可能會出現「群龍無首」的窘況。例如，戰鬥系統所需電力在單一測試時沒有問題，但在全艦測試時，卻出現電壓不足或跳電，是要重新分配電力供給，還是修改戰鬥系統？

艦內如因高溫和高濕度造成系統頻頻故障時，能夠找誰修正？又或主動力或主發電機全力輸出時發生震動噪音，這會間接影響聲納接收精準度，又該怎麼辦？

因為相關問題棘手，潛艦出身的參謀總長黃曙光上將正積極尋求美軍出手，協

助台灣潛艦國造最後的系統整合；若美國同意以軍售協助，也非絕對不會沒有問題，只是會比較有經驗和效率。

惟前提是美方經評估後，認為真有機會可以完成系統整合，同意扛起這樣的責任，以及我方願意追加付出約造價 1/3 到 1/2 的大筆經費；如果連老美也不願意或接不下來，幾可預知全案能否順利完成的結局。

## 第五年：潛艦下水、測試與驗證

若在陸地上靜態整合沒出大問題，在 2025 年就可以依序分別進行地面和靜水壓的靜態測試，以及泊港、淺水、深水的動態測試，和最後的武器安裝與試射等。然而，在測試過程發生問題甚至危機時，該由誰負責？又該聽誰的指揮？

攤開潛艦國造團隊名單，可說是「七頭馬車」。台船有「外籍多國建造技術顧問」和「國內退役潛艦官兵監造顧問」；中科院則有「國外主、次合約商顧問」，本身另有負責「戰鬥系統承製團隊」；官方負責單位則為海軍司令部和 256 潛艦戰隊及海軍造船發展中心。

當開始要進行海上試車時，特別是「淺水和深水試車」，要由何人組成？是退役潛艦人員？還是潛艦現役人員？還是美軍或外籍顧問？另試車人員素質與專業能力培養也會是問題。若在未交付海軍前，海上執行測試的階段發生問題或危機時，又該由誰負責？個人支持潛艦國造，但是在開工後，這些艱辛路途，才正在前面等著！

## 交艦測試：潛艦救援與無解盲區

此外，若 2024 年順利完成原型艦建造，下水執行水下測試，須有備便的潛艦救援艦。雖然，海軍代號「安海計畫」的新型救難艦與建計畫，於 2020 年 12 月由台船以 29 億 7,516 萬元得標，並計畫於 2023 年 8 月 4 日前完成。

問題是 2023 年才交艦，還沒有完成成軍與訓練，難以擔負潛艦救援大任，現有的潛艦救援能量又已老舊不夠完備，海軍要啟動「瑞豚」計畫嗎？還是再額外多花錢，尋求美國或日本派艦幫忙？

除了潛艦救援，還有與測試場地無解的盲區。海軍對「測磁、整磁與消磁場」部分，過去已有累積經驗或可解決，但台灣還有兩塊空白拼圖，一者是「數位聲納聽音精準度測試場」，二則是周遭海域複雜噪音環境資料庫。缺了這兩塊空白拼圖，原型艦在建造完成後，是否要運送到美國或是日本進行測試和校準？亦值得後續觀察！

即便瑞典協助在澳洲國內建造六艘柯林斯級潛艦，無論是靜態或動態測試階段，也都曾經發生過大大小小戰鬥系統整合等問題，致使建造期延長，甚至淪為「錢坑黑洞」。

個人基於潛艦專業提出疑問並非無的放矢，如不幸言中無法解決時，2024 年下水、2025 年成軍交艦的華麗宣示，都將成空話；無止盡「計畫延宕」和「增加預算」的夢魘更恐揮之不去。

■ 小辭典：潛艦絕氣推進系統

目前發展成熟「潛艦絕氣推進系統」(AIP, Air-Independent Propulsion) 計有四大類型，分別為：「密閉式循環系統」(CCD)、「史特林引擎」(SE)、「燃料電池」(FC) 和「密閉式循環蒸氣渦輪機」(MESMA)；而最新的發展是日本蒼龍級潛艦的「離電池系統」。

透過 AIP 系統，潛艦不需要經由呼吸管自水面吸入空氣燃燒，啟動柴油主機，即能產生推動電力的系統；主要在於作為輔助的動力裝置，可以讓潛艦在水下低速航行時，延長潛航續航力 2 至 3 倍的時間。

■ 小檔案：海軍瑞豚計畫

由於過去台灣並無「潛艦救難支援艦」與其所搭配「深潛救難艇」(DSRV)，因此採取付保險費的政策與概念，瑞豚計畫每年花費約 1,200 萬元與美國簽約，在必要的時候在 72 小時黃金救援時間內，採空、海運同步進行的方式，趕往救援地點；美國現已汰除 DSRV，改用更新一代的「潛艦救援潛水再加壓系統」(SRDRS)。

# 附錄 9：現代新型柴電潛艦，為何能夠挑戰核動力潛艦？

本文受邀撰寫專欄，內容曾刊登於 2021 年 4 月 1 日，《ETtoday 雲論菁英》。
https://forum.ettoday.net/news/1951286

　　現代新型的柴電潛艦為何能夠挑戰核動力潛艦？原因就是拜「絕氣推進系統」(AIP, Air-Independent Propulsion)的高科技成功發展之賜，使得她相較於核動力潛艦越來越安靜！不論是柴電潛艦或是核動力潛艦，潛艦只要航行就會發出聲音，當水下物體振動時，它就會產生聲波，當聲波穿透海水時，它們會交替壓縮和解壓縮水分子，聲波就會像池塘表面的波紋一樣，不斷地向八方輻射出去，直到能量衰減完畢為止。

## 潛艦產生噪音的緣由

　　潛艦於水下航行時，主要推進動力就是依賴大軸旋轉車葉推進，隨著旋轉的速度快慢產生大小不同的噪音。此稱為「軸速」，如果潛艦推進裝備旋轉的軸速是 3,600 RPM，亦即每秒旋轉 60 次；即使是同型潛艦同樣的推進裝備，其結構機械中的任何一個零件都會產生微小不同的噪音，很多不同零件累積出來的噪音就會導致其發出的噪音略有變化。以主要的推進車葉為例，假設奇美一片車葉在旋轉時抵達其產生噪音的臨界點時其音頻為 60 Hz，那 5 葉片的車葉就會發出 300 Hz 的噪音；同樣的在潛艦內部，大大小小的旋轉裝備，都會產生類似的噪音，如某電力馬達具有 12 個轉子繞組，則它將可能發出 720 Hz 的噪音；如車葉轉速為 120 RPM，則軸速將為 2.0 Hz，如果是六片車葉，則每片車葉的速率噪音為 12 Hz，由於 12 Hz 是 2 Hz 的諧波，因此葉片速率和六片車葉軸速噪音，將會彼此共振增強，從而使葉片速率更強。

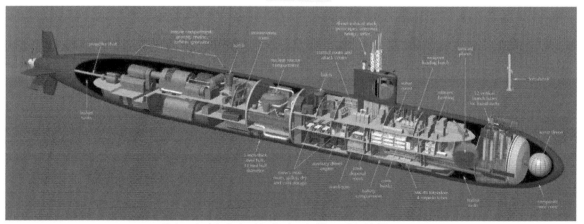

美國洛杉磯級核動力攻擊潛艦結構示意圖
(圖擷取自 americanhistoryy.si.edu)

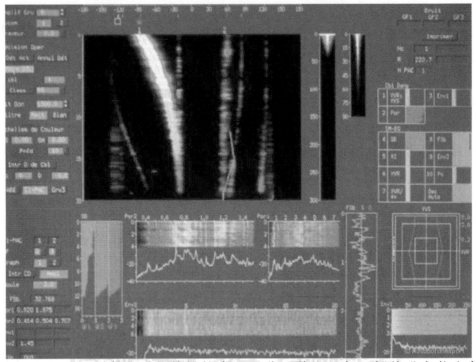

俄羅斯 Mgk-400 型聲納系統的操控台顯示幕，其顯示個目標的噪音值和頻率
(圖擷取自 Rosoboronexport)

# 核動力潛艦不間斷產生的噪音源

　　美國海軍潛艦最驕傲自豪的就是「她的潛艦是全世界最安靜的，任何人都偵測不到她」！但依據美國《海軍郵報》(Naval Post)2021 年 3 月 14 日瑞安‧懷特(Ryan White)的專文分析指出，此態勢已經出現些微變化。

　　潛艦所產生的這種噪音波能夠在水輻射傳播很長的距離，特別是低頻噪音，當然水面作戰間或是商船所產生的噪音輻射傳播會比潛艦更遠；這些噪音波在水中能量傳播的距離內，都可以被任何水中被動聲納聽音器所接收截獲，潛艦致勝的關鍵因素就是想盡辦法消除這些噪音的產生或是掩蓋、吸收這些噪音，讓潛艦保持高度的寂靜航行，而不被任何人發現。而核動力潛艦內部有很多東西在發出聲音，主要來源有：「泵」(特別是大型的主冷卻水泵，Pumps)、「蒸氣渦輪機」(Turbines)、「減速齒輪」(Reduction gears)、「蒸汽流過管路」(Steam flowing through the pipes)、「交流電」(發電機和電氣負載運作時，Alternating current, generators and electrical loads)。核動力潛艦的反應爐一經啟用，不論能量運作高低電力輸出大小，都會持續產生噪音，主要是不斷使用的「冷卻水泵」和高速推進「渦輪機」及其相關連接的「減速齒輪」。核潛艦上的反應爐包覆冷卻泵結構約有三層甲板高，全世界大多數海軍潛艦的反應爐都

## 附錄 9：現代新型柴電潛艦，為何能夠挑戰核動力潛艦？

是「壓水式核反應爐」(Pressurized-Water Reactor)，因為在作戰時它操作最為安全；在此核反應爐系統中，反應爐加熱其蒸汽產生器(類似於鍋爐賴念)產生蒸汽，蒸汽促使渦輪機高速轉動(依據當時操作所需的速率)，渦輪機推動大軸轉動，並連結帶動發電機進行產電，這一連串運作，系統任何部位都會產生不同頻率的噪音。

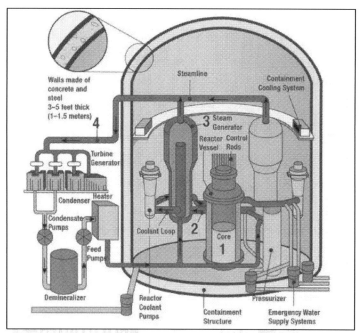

典型的壓水式核反應爐結構(Typical Pressurized-Water Reactor)
(圖擷取自 U.S NRC)

# 柴電潛艦靜音能力越來越強

蒸汽在系統中的管路和推動渦輪機高速流動產生的噪音，遠比柴電潛艦在水下採取純電池推進模式驅動主電力馬達要大得多。因此，對於核潛艦而言，關鍵就是存在一堆泵、渦輪機和減速器；而電池模式推進的柴油船根本沒有這些泵，渦輪機和減速器。此外，艦體在水中穿越時，也會艦體外表的突出或是不平滑的結構也會產生水流噪音，艦體越大航行速率愈高，所產生的水流噪音也就越大，因此核潛艦艦體的結構發展也就越來越平滑圓潤。

柴電潛艦會產生噪音的主要來源是啟動柴油主機帶動發電機產電之時(通常配備 3 部柴油主機)，因此，過去舊型的柴電潛艦，在回到潛望鏡深度執行呼吸管航行時，啟動柴油主機進行充電之時，就是產生最大噪音之際，此時潛艦存在高度被發現的危險。不過當潛艦科技，出現「絕氣推進系統」(AIP)時，柴電潛艦不需要再冒危險進行呼吸管航行充電後(如配備「史特林引擎」)，缺點即消失優勢立見；「絕氣推

121

進系統」的相關技術不斷地被研發，如目前最先進的「燃料電池」或是「離電池」系統，致使柴電潛艦越來越安靜，足以挑戰和潛艦的靜音能力。

## 美國海軍潛艦警覺「靜音挑戰」著手研發改進

多年前美國海軍經由租用瑞典「加特蘭級」柴電潛艦進行對抗所累積的經驗，了解這個問題的嚴峻，為避免優勢逐漸喪失，美海軍開始致力於促使核動力潛艦更為安靜，目前正進行相關的技術驗證，其中包括三艘實驗性潛艦：「圖爾利比號」(USS Tullibee)號、「利普斯科姆號」(USS Glenard P. Lipscomb)和「獨角鯨號」(USS Narwhal)。

「圖爾利比號」和「利普斯科姆號」是採用蒸汽輪機發電，但是沒有減速器，而「獨角鯨號」則採用的「循環反應爐」在正常操作下不需要主冷卻泵和一部低速直接聯結式的主機，在低速操作時「無噪音泵、無減速器」，如果技術驗證成功將先行運用在現役的「俄亥俄級」和「維吉尼亞級」核動力潛艦，而未來新型的「哥倫比亞級」核動力潛艦，也將採用此種渦輪電力驅動技術。

## 世界各潛艦生產國持續致力研發降噪技術和能力，台灣如何？

同樣地，中國海軍也正在努力減少其核動力潛艦的噪音；俄羅斯海軍甫下水服役的最新型「亞森級」(Yasen-class)核潛艦，其採用的強化靜音方式，是再艦體表面上覆蓋了 10,000 個以上的「吸音橡膠元件」(rubber elements)，使其能夠更安靜；而法國國防部則公開宣布，其設計的第三代核潛艦將會非常安靜，其輻射噪聲可能小於海洋中的環境噪音值。

然現今全世界的柴電潛艦，「絕氣推進系統」已成為標準配備，因為如果不裝配，潛艦可能難以在作暫時存活；而當今的各類型「絕氣推進系統」，更不斷地朝向「產電能力更強、輸出功率越大、操作更為安靜」的方向研發；未來柴電潛艦與核動力潛艦的「靜寂能力較量」，如今才剛剛開始而已！潛艦「降噪」方式有很多種類型，如：「消音瓦」、「吸音塗料」、「橡膠敷皮」、「隔絕材料」核「減震機構」等，有獨門發揮至極致，或有交織綜合運用降噪；台灣已使用超過 30 年的劍龍級潛艦，並沒有這些先進降噪技術，而現今如火如荼進行的首艘新型潛艦(SS-1068)，不知道是否有認真考量研發或配備這些「降噪技術」和「絕氣推進系統」！還又是「先求有、再求好」的思維和說詞嘛？！

參考文獻：Ryan White, "Why are diesel-electric submarines quieter than nuclear submarines? Are they quieter in both diesel and electric mode, or just electric?", *Naval Post*, March 14, 2021. https://navalpost.com/nuclear-submarines-diesel-electric-submarines-noise-level/?fbclid=IwAR2Re2xsiNuJoLgWBkouM285uTOjh5ZMiAFANswxUpBaRMxci5wgdtgJnkk

# 附錄 10：2030 年美國潛艦與數量大國的較量

　　2010 年 2 月 2 日美國麥肯齊•伊根(Mackenzie Eaglen)和喬恩•羅德巴克(Jon Rodeback)二位學者於美國智庫《傳統基金會》(The Heritage Foundation)，共同以「亞太地區的潛艦軍備競賽」(Submarine Arms Race in the Pacific)發表專文，分析預估 2020 年亞太地區個國家爭相建造或採購潛艦的激烈態勢，然現今實際的情態遠超過當時他們兩位的觀察。

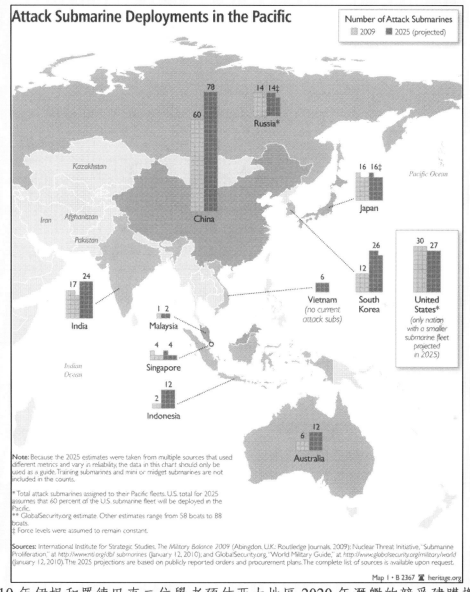

2010 年伊根和羅德巴克二位學者預估亞太地區 2020 年潛艦的競爭建購趨勢
(圖擷取自美國傳統基金會網站)

## 不論是小型潛艦或是高性能潛艦都能夠挑戰美國

就現今 2021 年初為止，姑且不論性能就擁有潛艦數量的國家排名，前十名依順序分別是：北韓(78 艘)、美國(72 艘)、中國(69 艘)、俄羅斯(63 艘)、伊朗(31 艘)、印度(17 艘)、日本(16 艘)、以色列(14 艘)、土耳其(14 艘)、南韓(14 艘)。由這個數量排名可知，前五名內除美國外，其他四個都是美國的對手或討厭者(北韓、中國、俄羅斯、伊朗)，而這四個國家所擁有的潛艦研發方向正巧迥異。北韓與伊朗都是性能較簡易的小型潛艦，而中國和俄羅斯卻都是發展高性能技術的大型柴電潛艦和核動力潛艦。其中特別是北韓和伊朗，北韓只不過成功發展一艘可攜帶一枚核彈的柴電潛艦，金正恩就能夠屢屢向美國叫板讓美國頭疼不已；此外，2010 年北韓以一艘130 噸的「鮭魚級」小潛艇伏擊韓國「天安號」巡防艦導致立即沉沒，全艦官兵喪生，此亦致使南韓、美國與日本，驚訝不已。伊朗則是仗著戰略要地屢屢以潛艦在荷姆茲海峽(Strait of Hormuz)威脅美國航空母艦戰鬥群，美國屢次為安全航行通過荷姆茲海峽時的反潛問題而困擾；美國雖為世界海洋霸權，然其潛在的高低威脅國家，也真的不少。

## 現今亞太三大潛艦數量國家嚴峻挑戰美國

而長期觀察潛艦發展的學者薩頓(H I Sutton)於 2020 年 12 月 13 日亦提出他的分析與觀點：美國海軍現今的潛艦數量仍比潛在威脅的中國要多，性能也仍超越許多，就數量上僅次於北韓，中國目前排名第三，俄羅斯排名第四，單就潛艦的數量規模而言，這是四大競爭威脅對手，未來十年可能會發生重大變化，根據目前的這四個國家的計劃和預測，美國和中國潛艦的數量可能將在 2030 年之前交叉轉變，解放軍海軍的潛艦數量很可能會比美國多出約 10 艘左右，而且性能都會大幅提升，這很可能促使解放軍海軍成為世界上擁有最大數量的潛艦部隊。

近期，美國國防部向國會提交的一份「海軍艦船年度長期計劃」(Plan for Construction of Naval Vessels)的報告(計 23 頁)，說明美國海軍在未來 30 年的應該發展與布署潛艦力量。該計劃建議美國應建造更多潛艦，將「維吉尼亞級」核攻擊潛艦建造速度提高到每年 3 艘，促使潛艦部隊的數量從 2022 年的 70 艘增加到 2051 年的 92 艘；不過，由於美國海軍現行潛艦的退役速度將比建造新潛艦速度要快，因此其數量還是會下降，數量最低點將在 2025 年至 2030 年之間，這也等於是給中國一個急起直追的「戰略空窗期」。

核動力彈道飛彈潛艦(SSGN)亦是美國海軍可能將在 2030 年喪失優勢艦型，4 艘「俄亥俄級」(Ohio-Class)核潛艦州將在 2026 年至 2027 年除役，它們將被「維吉尼亞級」Block-V 型核潛艦所部分取代，因為可以攜帶更多數量的巡弋飛彈。然而，對解放軍海軍潛艦部隊的估算，預計 2030 年將擁有 76 艘潛艦的數量，係依據 2020 年 3 月 18 日美國政府對於中國海軍現代化的報告。但是，鑑於中國在基礎設施方

面的大量投資，這種增長很可能被錯估。中國不斷擴大建造核潛艦的渤海造船廠，新型的核攻擊潛艦和核彈道飛彈潛艦都已經出現，未來量產的速度可能更快。

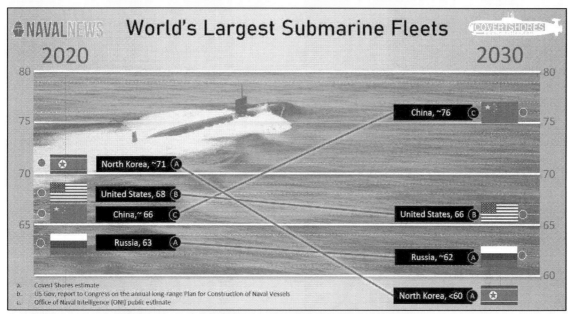

美國評估未來 2030 年亞太地區三大潛艦數量國家的發展情況
(圖擷取自美國海軍新聞網站)

# 中國自力研發的潛艦對美國存在威脅

　　雖然，中國目前大部分的潛艦都還是柴電潛艦，這些潛艦的噸位、性能、航程核戰力，遠比美國海軍的全部都是核潛艦的戰力有很大的差距；但是，就未來的發展趨勢和戰場經營，這些潛艦很可能比美國的核潛艦更加適合運作，如在中國沿海第一島鏈內的淺水海域，如自製最新型 041 元級潛艦(預計建造 20 艘)，相較美國核潛艦它是既便宜又容易量產艦造，並配備高效率的「絕氣推進系統」(AIP)，對美國核潛艦和航空母艦戰鬥群，具有相當大的威脅。

　　中國最近將一個主要的柴電潛艦的建造場遷出武漢，規模更大新廠址位於「雙流」(Shuangliu)近河的下游，儘管中國已經有外銷型潛艦出口到巴基斯坦和泰國，但並不影響解放軍海軍自身對潛艦的需求量，反而會更刺激增加潛艦的建造速度。

解放軍海軍自製最新型的元級潛艦
(圖擷取自新浪網站)

中國外銷 S-26T 型柴電潛艦
(圖擷取自新浪網站)

## 美海軍發展大型水下無人載具彌補潛艦戰力之不足

　　美國分析指出，預估未來美國海軍潛艦數量必然不足，甚至會減少，因此研擬如何便宜又有效的方法彌補，進而決定發展超大型的「水下無人載具」(XLUUVs, Extra-large Uncrewed Underwater Vehicles )來填補這段戰力空隙。

　　如 2019 年 2 月美國國防部公開宣佈，美國海軍將以 4,300 萬美元(約 13 億台幣)，向波音採購 4 艘「殺人鯨」(Orca）超大型水下無人載具，研發的目標和性能，能夠潛航於世界四大洋，執行掃雷、情報蒐集、水下偵察和攜帶魚雷擊沉潛艦等不同類型的各式任務。「殺人鯨」全長約 51 英呎(15.5 公尺)，寬高各為 8.5 英呎(約 2.6 公尺)，係以重達 50 噸的水下無人載具「回聲航海家」(Echo Voyager)為基礎改良研發而來，配備「慣性導航系統」，「深度感測器」和回到水面接收全球定位系統(GPS)修正定位，還能利用衛星通訊，回報情資或接收新指令，最深可潛航至 1.1 萬英呎(約 3,400 公尺)，最高速率 8 節。它的內艙容量可達 2,000 立方英呎(約 5.7 萬公升)，設計採用模組化酬載系統，能裝載不同的武器，以執行不同的任務，外部還能掛載武器，航程可達 6,500 海浬，一次能單獨潛航執行任務數月。

　　它能夠偵察敵方艦隊或海岸線提供情報，也可以部署能偵測電磁放射的天線，以供日後分析數據，也可來回進入敵沿海來回不放水雷，也能夠攻擊敵方的水面戰艦和潛艦，甚至可以和美國海軍潛艦搭配充當為誘餌，讓自己的攻擊潛艦隱匿於後對敵伏擊，它能夠滿足各項任務，執行反潛作戰、反水面作戰、電子作戰，並執行打擊任務。

　　當然這樣的發展方向，並非美國獨有，中國與俄羅斯也同時在進行類似研發，只不過技術層面有所不同，2030 年距今已並不遠矣！亞太地區美國、中國和俄羅斯所進行研發新型潛艦和水下無人載具的較量，有待拭目以待！台灣如何面對，如何自處？立場如何？亦拭目以待！

美國海軍研發超大型水下無人載具「殺人鯨」
(圖擷取自美國波音公司網站)

參考文獻：H I Sutton, "U.S. Navy Submarine Fleet To Be Overtaken By China Before 2030", *Naval News*, 13 Dec 2020. https://www.navalnews.com/naval-news/2020/12/u-s-navy-submarine-fleet-to-be-overtaken-by-china-before-2030/?fbclid=IwAR3AkJqTjUimmT5CQ8ZVFTRSAZkpuP589K5ZO7AhHtFmLbwAREtielXvxbk

# 附錄 11：未來「量子科技」將改變潛艦軍事優勢？

本文受邀撰寫專欄，內容曾刊登於 2021 年 4 月 11 日，《ETtoday 雲論菁英》。
https://forum.ettoday.net/news/1957365

　　根據分析評估，對當今最先進的潛艦，如美國現有「維吉尼亞級」和「海狼級」核動力攻擊潛艦，之所以非常安靜難以遭敵偵測，因為其潛航時噪音僅比平均海洋背景噪音(90db)高五分貝(95db)。甚至於美國租用具備「絕氣推進系統」(AIP)的瑞典柴電潛艦作為對抗演練的期間，也曾經遭其成功穿越眾多的戰鬥群屏衛艦，在未被發現的情況下，模擬擊沉了美國航母母艦。但未來的「量子科技」很可能對潛艦與反潛產生巨大的轉變，衛星也可以使用量子傳感器來影響潛艦戰術，使用量子重力儀的衛星可以提高旨在檢測和測量重力場的傳感器的靈敏度，並有可能探測潛艦，或者更有可能以新的精度繪製海底圖。

## 「量子科技」對於反潛戰術的影響

　　如今，海中的聲學偵測仍然是尋找和追蹤潛艦的主要方法，除了安裝在水面反潛作戰艦和潛艦上的主動聲納與被動聲納外，還固定在水下聲納監視系統，以及反潛機上所裝配的各型聲納音標、光學和紅外線感射器、合成孔徑雷達(SAR)與磁測儀(MAD)等。

　　「磁測儀」是空中反潛機偵測潛艦的傳統戰術，但是至今，磁測儀的偵測距離仍然非常的短，因此現行美軍的 P-8 和 MH-60R 反潛機幾乎完全忽略 MAD 的存在必要。

　　而這樣的威脅也迫使潛艦發展消磁的技術，以最大程度地減少所產生的磁力或影響的磁場，以德國為例專門為海軍 212 型和外銷出口的 214 型潛艦研發了非金屬船體。若干海軍分析學者卻認為 21 世紀這樣潛艦的固有優勢很可能會遭到破壞，若干高科技反潛技術正快速地發展中，如：「高靈敏的低頻聲納」、「先進的衛星光學感測器」(可能完全繞過潛艦的隱身技術)以及能夠解析大量的微弱噪音數據「高速電腦」。

　　而近年來，「量子科技」(Quantum Mechanics)相關領域的發展顯示，其可能在多個軍事用途可以轉變原先既有的優勢。

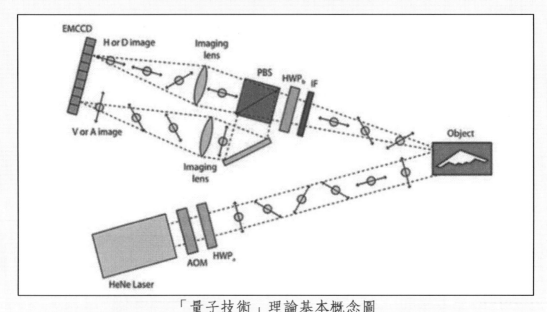

「量子技術」理論基本概念圖

(提擷取自網路 https://min.news/science/1089e7cd9f3b5bb2eb0fdf82ba670781.html)

## 中國現行的研發似乎佔領先地位

2021 年 3 月 30 日在美國《國家利益》(The National Interest)學者羅布林(Sebastien Roblin)專文指出,中國目前正進行研發一種安裝於衛星的雷射監視系統,其目標是在偵測到潛航於 500 公尺的潛艦或水下載具。儘管目前還面臨著在距離的若干限制,但量子感測器和通信系統仍然有可突破,繞開傳統射頻感測器的許多限制和缺點。而中國在此領域的投入,似乎在「量子雷達」(Quantum Radar)上已經處於領先地位。

2017 年 6 月 21 日一家中國中文期刊宣布,上海微系統與信息技術學院的謝夏芒教授已經開發出了低溫液氮冷卻的「超導量子干涉儀」(Superconducting Quantum Interference Device, SQUID),它可以降低噪音干擾問題,並且在現場測試中證明了能夠即使安裝在直升機上,也可以偵測到地下深處的鐵質物體。中國的《南華早報》曾經公開出現在一篇文章中,推斷它是否可能成為「世界上最強大的潛艦偵測器?」但文章隨即被刪除。

依據相關研究人員評估,這種 SQUID 磁力計可以檢測到 6 公里外的水下潛艦。相較傳統典型的磁測儀 MAD 只能有效偵測數百公尺,這意味著新科技的 SQUID 的偵測可能會覆蓋數千倍的平方公里範圍。中國還通過遠距離傳送和量子技術進行加密通信上,也取得了突破性進展,這表示可能也應用於現行與潛艦水下通信的困境上。

當然美國與世界各先進國家,同樣也積極投入領域的研發,不過技術、資金、方向和目標都略有不同,如 2019 年 4 月 14 日「國防採購國際組織」(Defense

Procurement International)的文章透露，澳大利亞也在研究量子磁力計技術用於潛艦偵測上，而他們的方向是對固定式海底的偵潛監視系統。

另外，目前還有研究潛艦獵殺者可以使用「嗅探器」(sniffers)的技術，以「聞到」柴電潛艦啟動柴油主機在排氣中的形成的微量化學物質，不過仍有許多困難和瓶頸待突破。

中國電科研製的「量子雷達」裝備組合示意圖
(提擷取自網路 https://min.news/science/1089e7cd9f3b5bb2eb0fdf82ba670781.html)

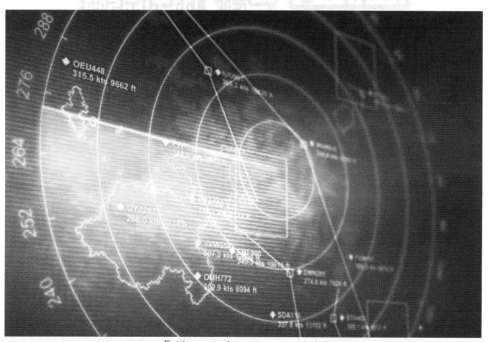

「量子雷達」顯示示意圖
(提擷取自網路 https://min.news/military/c5d1422851cac2a1e01690a8fab1aa00.html)

## 先進「量子技術」還能增強導彈精準度和海底地形繪製

　　此外，量子技術還可以運用在先進的導航感測器，可以避免潛艦對軌道衛星的過度依賴，使其能夠正確精準地保持在潛航的路徑上；美國智庫「詹姆斯城基金會」(Jamestown Foundation)的二位學者艾爾莎·卡尼亞(Elsa Kania)和斯蒂芬·阿米蒂奇(Stephen Armitage)即指出，量子導航將是新一代慣性導航，在無需「全球衛星系統」(GPS)下即可實現高精度導航，而所謂的「量子羅經」(Quantum Compass)技術的研發，未來對於潛艦和其他海上平台將特別有用，因為它可以提供精確的定位，且「量子導航」還具有更進一步發展的潛力，可能用於改良導彈制導系統和增強精確打擊能力。

　　台灣現行積極進行的潛艦國造，雖然目前中國量子技術仍然處於研發階段，但是進展速度相當快，面對 2025 或是 2035 年之後，未來很可能完全扭轉原有自美國軍購裝備的傳統技術，這不僅僅是潛艦會遭受偵獲，其他軍事領域優勢也將面臨考驗；台灣政府、軍方與科研單位，似乎應該認真的思考與選擇因應的策略！

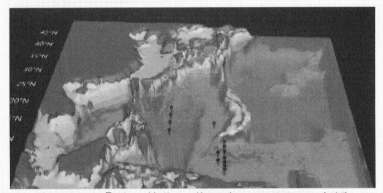

中國採用「量子技術」偵潛與反潛顯示示意圖
(提擷取自網路 https://zi.media/@yidianzixun/post/3ZScCt)

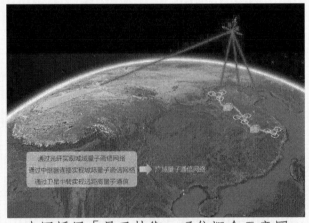

中國採用「量子技術」通信概念示意圖
(提擷取自網路 https://zi.media/@yidianzixun/post/3ZScCt)

# 附錄 12：是「包抄台灣」、「威懾外力」，還是「經營前院」？

本文受邀撰寫專欄，內容曾刊登於 2021 年 4 月 14 日，《ETtoday 雲論菁英》。
https://forum.ettoday.net/news/1959876

2021 年剛開始，又是台海周邊不平靜的一年，台灣西南海密集出現中國機艦，引起紛擾和熱議，雖然各家評論喜歡強調政治意涵，其實還是要回歸基本軍事戰術層面觀察。

## 中國軍機頻頻出現西南，眾說紛紜官方亦無定論

依據各家媒體報導，台灣與美國簽署「設立海巡工作小組瞭解備忘錄」，同一天有 2 架運 8 反潛機、1 架空警 500、4 架轟 6K、10 架殲 16、2 架殲 10，以及 1 架運 8 技偵機侵擾台灣西南「防空識別區」(ADIZ)；其中，轟 6K、運 8 反潛機更罕見侵擾台灣東南方。

有學者分析，有 20 架軍機出動並呈現「體系化遠征打擊機群」樣態，但機群的強度、威脅度仍不算近年最強，因為曾於 2017 年 11 月 22 日上午派出轟 6、運 8、Tu-154、IL-78、Su-30 等共計 14 架型機組成的「體系化遠征打擊機群」，經巴士海峽執行遠海長航訓練。

對於台美簽署海巡合作備忘錄之際，高達 20 架次軍機隨即大舉出動穿越我西南防空識別區抵達東部空域沿途進行操演；國民黨立委江啟臣質詢指出，26 日的軍機擾台是 2020 年 9 月以來規模最大的，雖未飛越海峽中線，卻飛到東海岸。空軍參謀長黃志偉回應，第一架出來是上午 7 時 30 分左右，真正大編隊約 9 點多，中午 12 時 30 分結束。

2021 年 3 月 29 日國防部副部長張哲平上午在立法院回答民進黨立法委員王定宇時表示，這次針對的就是我們的台灣，屬於進攻的態樣。他未否認共軍操演當天相關空域有美軍軍機出現，但「不是針對性的」；立法院外交及國防委員會邀請國防部報告「強化國軍空勤人員訓練安全現行作法與精進作為」時，對於因應方式，張哲平說，依戰備規定，一開始廣播驅離，若共機不走，會進行區域警戒，接著用飛彈追蹤監視，確保他們不會經過我 30 浬內。上述若干，以及政論節目的「繞台威脅論」或「震懾美國說」，都沒有切中真實要害。

## 中國軍機於西南海域出現有別於 2020 年

今年中國軍機艦的頻繁活動有別於 2020 年，依據國防安全雙週報「2020 年上半年解放軍台海周邊動態觀察」，2020 年 6 月 28 以前，累積次數共計 17 次已逼近歷年全年最多次的 20 次。而多為於台灣東部的「遠海航訓」，雖然有「接近海峽中線」與「西南海域活動」的案例，但是不若 2020 年下半年和今年逐漸頻繁出現在西南海域的態勢。其中比較特殊的遠訓如：2020 年 1 月 23 日空警 500、轟 6 等

型軍機，由中國大陸南部陸續出海，飛經巴士海峽航向西太平洋，進行遠海長航訓練活動後，循原航線飛返駐地。2 月 9 日殲 11、空警 500 和轟 6 等機型，經巴士海峽，由西太平洋進入宮古海峽後，返回基地。3 月 18 日中國第 33 批護航編隊完成護航任務，通過台灣東 部海域，但較靠近日本返回基地。4 月 10 日航空母艦遼寧號編隊，由東海航經宮古海峽後，4 月 11 日航經台灣東部外海，亦即西太平洋區域後續航向南部海域，從事遠海長航訓練。4 月 12 日遼寧艦及所屬包括護衛艦 542/598 號、驅逐艦 117/119 號、快速戰鬥支援艦 965 號等，航經巴士海峽進入南海。4 月 10 日轟 6、空警 500、殲 11 等各型機，於台灣西南方海域執行遠海長航訓練，並經巴士海峽進入西太平洋後，即循原航路返回駐地。4 月 22 日遼寧艦編隊結束南海航訓後，再次航經巴士海峽續向東部航行。6 月 28 日轟 6 自東海穿越宮古水道，飛抵台灣東部外海空域實施遠海長航訓練。而這些遠海戰術訓練係自 2020 年 7 月開始，最大的轉變則是 9 月之後。

## 中國軍機艦密集出現西南海域的實質戰術意涵

依據近期自 2021 年 3 月 20 日至 4 月 13 日國防部所公開的軍事動態資料觀察(當然可追溯到 2020 年 9 月長期的觀察分析)，中國軍機艦大都出現台灣西南海域。依據近三周內幾乎每日都會出現的動態，高速戰機與低速戰轟機、反潛機、電偵機、空警機的數量有別，其中轟 6 機僅 2 次 8 架、殲 16 戰機 7 次 42 架、殲 10 戰機 10 次 33 架、殲 11 戰機 1 次 4 架、空警 500 機 7 次 8 架、運 8 電偵機(含同型機)7 次 9 架，其中最特別的就是「運 8 反潛機」16 天中計 13 次 16 架，幾乎每天都會出現。

| 日期<br>機型 | 4/13<br>(二) | 4/12<br>(一) | 4/11<br>(日) | 4/10<br>(六) | 4/9<br>(五) | 4/8<br>(四) | 4/7<br>(三) | 4/6<br>(二) | 4/5<br>(一) | 4/4<br>(日) | 4/3<br>(六) | 3/30<br>(二) | 3/29<br>(一) | 3/27<br>(五) | 3/26<br>(五) | 3/25<br>(四) | 3/24<br>(三) | 3/22<br>(一) | 3/20<br>(六) |
|---|---|---|---|---|---|---|---|---|---|---|---|---|---|---|---|---|---|---|---|
| 運 8 反潛機 | 1 | 2 | 0 | 0 | 1 | 2 | 1 | 0 | 1 | 0 | 1 | 1 | 1 | 0 | 2 | 1 | 1 | 0 | 1 |
| 運 8 電偵機 | 0 | 0 | 1 | 2 | 1 | 0 | 2 | 1 | 0 | 1 | 0 | 0 | 0 | 0 | 1 | 0 | 0 | 0 | 0 |
| 空警 500 | 0 | 1 | 0 | 2 | 1 | 0 | 0 | 1 | 0 | 1 | 0 | 0 | 0 | 1 | 0 | 1 | 0 | 0 | 0 |
| 殲 10 | 0 | 4 | 0 | 0 | 4 | 0 | 8 | 0 | 4 | 0 | 0 | 0 | 4 | 1 | 2 | 2 | 2 | 2 | 0 |
| 殲 11 | 0 | 0 | 0 | 0 | 0 | 0 | 4 | 0 | 0 | 0 | 0 | 0 | 0 | 0 | 0 | 0 | 0 | 0 | 0 |
| 殲 16 | 4 | 14 | 0 | 0 | 0 | 0 | 0 | 2 | 4 | 0 | 0 | 0 | 0 | 0 | 10 | 0 | 0 | 0 | 0 |
| 轟 6K | 0 | 4 | 0 | 0 | 0 | 0 | 0 | 0 | 0 | 0 | 0 | 0 | 0 | 0 | 0 | 0 | 0 | 0 | 0 |

依國防部每日軍事動態報告彙整

然而中國這一連串幾乎每日密集機艦行動，真正的目的是逐步強化對西南海域戰略要點家門口的再進一步長期的「戰場經營」！高速戰機(不論高、中、低空)與低速的反潛機、電偵機、空警機和轟炸機的戰術有非常大的差異性；依據這段期間連續密集的觀察分析，歸納可見呈現如此的現象：「反潛機飛行至最前方、電偵機或空警機於反潛機之後協助偵察與空管，各式戰機於後方盤旋警戒和掩護」。其飛行

的空域都是在台灣西南海域巴士海峽以西，或是穿越至巴士海峽的東邊進出口，以 3 月 26 日的 20 架軍機飛行態勢和航跡最為典型，而 3 月 29 日的 12 架軍機中，10 架為「反潛與偵查的兵力，以及後衛掩護主力」，而另 2 架穿越宮古海峽的運 9 情偵機和哨戒機則為其「偵查側應」。雖然有些時日，並沒有大規模出動各型戰機，而僅有反潛機、電偵機或是空警機，可視為無高度警張所需偵蒐的情況，飛行路徑也比較貼近沿岸，無須戰機的伴護，如 4 月 8 日僅有 2 架反潛機於巴士海峽西方和南方活動即是案例。

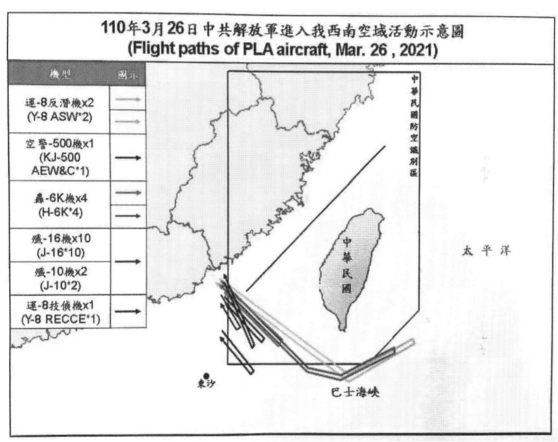

2021 年 3 月 26 日國防部公告的軍事動態資料

135

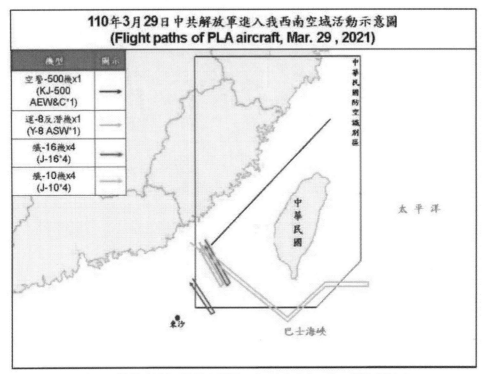

2021 年 3 月 29 日國防部公告的軍事動態資料

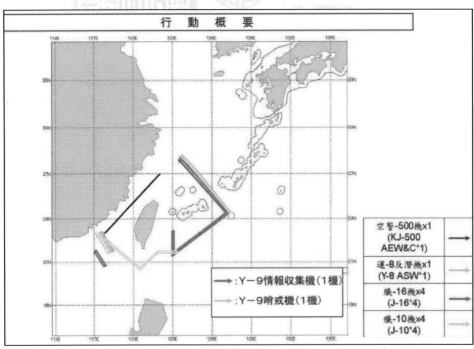

2021 年 3 月 29 日日本防衛廳公告的軍事動態資料

附錄 12：是「包抄台灣」、「威懾外力」，還是「經營前院」？

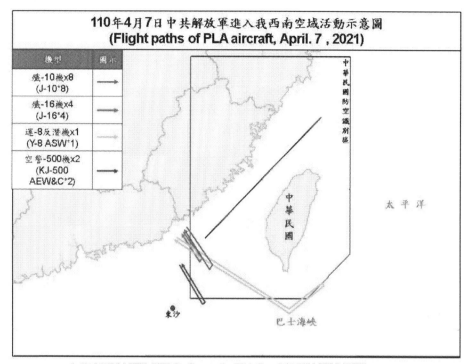

2021 年 4 月 7 日國防部公告的軍事動態資料

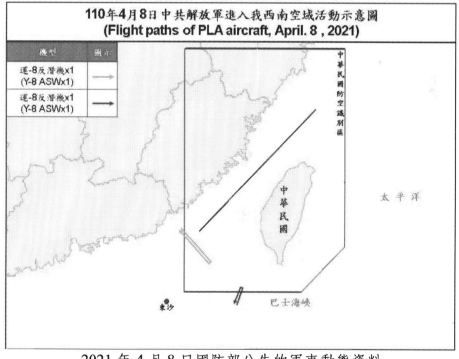

2021 年 4 月 8 日國防部公告的軍事動態資料

# 未來 5 至 10 年後可能產生的影響

　　中國於西南海域水面作戰艦和空軍戰機的作為，表面上仍然不出「阻援打點」的戰術原則，然真正的目的是看不見的，中美也不都說的「水下較量」。認真經營西南海域至巴士海峽進出西太平洋通道，是解放軍目前認知必要「戰場經營」，其最大的資源是提供海南島三亞基地和榆林基地的潛艦群，一個水下最有力出入太平洋的安全通道與圍堵美海軍潛艦的情報偵蒐。

　　疏不見美國 Google Earth 於 2021 年 3 月 5 日刻意釋出首度有多達 7 艘最新型的解放軍核動力潛艦停泊在海南島海軍榆林基地碼頭(卻不在乎另在三亞基地的十數艘柴電潛艦)；此外，亦還有水下無人載具的研發運用於該海域，2018 年 2 月中國中央電視台第九台(CCTV-9)公開的紀錄視頻，成功研發並西南海域進行測試，節目稱之為解放軍海軍的「水下八卦陣」。

　　而如果能夠形成此有力量的「海上甕城」(包含空中、水面和水下聯合)，就等於是在自家花園，讓你美軍「進不了」巴士海峽，被阻擋在巴士海峽以東的西太平洋，而即使進的了穿越巴士海峽，也因區域海洋地形之利，讓你進得來卻「出不去」！而這個戰術的成功建立，對台灣最大的影響也有二：「台灣機艦將無法有效掌控西南海域」以及「有效阻斷對東沙與南沙的支援」！

# 附錄 13：中國海軍柴電潛艦技術轉變來源：
# 號稱「深海黑洞」的基洛級潛艦

本文受邀撰寫專欄，內容曾刊登於 2021 年 5 月 7 日，《ETtoday 雲論菁英》。
https://forum.ettoday.net/news/1975798

中國潛艦發展數十年，由購買、仿製到自製，其技術的影子有前蘇聯、俄羅斯、德國和法國等，甚至美國，其中最主要的來源就是「基洛級」(Kilo-class)潛艦；在 20 世紀 90 年代，中國分別從俄羅斯購買了 12 艘基洛級二型潛艦，採取的路線就是「引進、效仿、吸收、創新」，因此要了解中國潛艦現有的能力，就先要了解基洛級潛艦。

## 蘇聯基洛級潛艦的設計緣起

由蘇聯瓦解之前至當今的俄羅斯，其潛艦的發展策略並不與美國相同，美國全力投入核動力潛艦的研發，俄羅斯則採取柴電潛艦和核動力潛艦高低配置的發展方向；艦俄羅作為一個涵蓋歐亞大陸大部分地區的陸上強權，雖然有需要核潛艦進行遠距離的海上巡弋，但其發展擁有柴電潛艦足以應付歐洲，中東和俄羅斯近鄰國家所發生的衝突。

俄羅斯海軍柴電潛艦的中堅力量就是 877 計劃的潛艦，北約和西方命名稱之為「基洛級」，而改進後的基洛級才被美國海軍暱稱為「深海黑洞」，它的噪音值很低非常安靜，至今已經屹立不搖 30 餘年，證明它在海中真的令對手憂心。

基洛級潛艦原是為華沙公約國家的海軍所設計的，目的是取代較老舊的 Whiskey 和 Foxtrot 級潛艦，基洛級潛艦長 238 英呎、寬 32 英呎，排水量 3,076 噸、配屬 12 名軍官和 41 名士官兵，可以連續航行 45 天無須補給；其由兩台柴油主機和一台主電力馬達提供推進動力，水面浮航速率 10 節、水下潛航速率 17 節、航程約 6,000 至 7,500 海浬，基洛級一般操作深度約 787 英呎(約 240 公尺)，最大潛深約 984 英呎(約 300 公尺)。

## 基洛級潛艦最大優勢「寂靜航行」與「聲納聽音」能力

最重要的是大量的靜音技術導入基洛級潛艦，其艦體採取類滴形，並大幅降低二戰時期較老舊的潛艦設計，推進動力裝置的結構設計隔離在彈性橡膠底座之上，因此它完全不會觸碰到艦體，進而防止振動噪音轉化為艦體可向外傳播的輻射噪音；基洛級潛艦還具有橡膠消聲塗層，可以減弱或吸收潛艦本身發出的噪音和敵方主動聲納拍發的反射波，而艦內設置的空氣再生系統(air regeneration system)可以提供官士兵長達 260 小時的氧氣供應，使其能夠連續潛航達到兩週的能力。

聲納系統裝配 MGK-400 低頻主被動聲納陣列、還裝配 MG-51 高頻聲納，用於目標辨識和水雷偵測，另裝配 MRK-50 Albatros 雷達作為水面導航和搜索之用。

設有 6 具直徑 533 厘米魚雷管,可攜帶終端歸向魚雷和 18 枚 SS-N-15A 反潛飛彈,而在後型的基洛級都能夠裝配先進的線導魚雷,此外還設計裝配的上浮後可發射的肩扛式 Igla 單人操作的防空導彈發射器。

前蘇聯自己總共採用了 24 艘基洛級潛艦,瓦解後其中 11 艘仍由俄羅斯海軍所使用,1 艘出售給波蘭,目前仍在服役,另 1 艘出售給羅馬尼亞,目前已除役。10 艘出售印度,直到 2013 年 8 月仍有 9 艘仍在服役,因為第 10 艘於碼頭停泊時半夜失火沉沒。

前蘇聯瓦解後,出售潛艦救成為俄羅斯造船廠的主要生意,其研發改良型的基洛型潛艦,稱之為 636.3 版。636.3 型採取全方位升級,潛艦結構尺吋基本相同,但船艄重塑以更符合流體動力,並進一步隔離機器噪音,提高靜音能力,武器的射程也比以前提升 25%。

# 潛艦圈的黑洞傳奇,台灣曾經試圖購買

636.3 級的一項重大改進是可發射「卡利伯爾」(Kalibur,另出口版本又稱其為俱樂部型,Klub)巡弋飛彈的能力,具有對地攻擊、反艦和反潛的作戰能力。2016 年 12 月俄羅斯潛艦就曾經伊斯蘭國家發射此型飛彈對地攻擊。中國在 1990 年代後購買 12 艘該型潛艦,分配到東海艦隊和南海艦隊,而俄羅斯自己也採用 6 艘 636.3 級潛艦,基洛級潛艦在 33 年的時間裡建造了 53 艘,已成為俄羅斯潛艦的主要傳奇,如今的亞太地區諸多國都有採購和使用她的身影。

而根據《莫斯科時報》(The Moscow Times)於 2021 年 3 月 19 日最新的報導,隨著羅馬尼亞和北約成員國海軍展開,名為「海盾 21」(Sea Shield 21)的跨國軍事演習,約有 18 艘北約戰艦,10 架戰機和 2,400 名士兵投入該演習;俄羅斯則是「史無前例的」派出黑海艦隊的全部 6 艘潛艦實施跟蹤監控,其中一艘基洛級潛艦 877V 型「阿爾羅薩號」(Project Alrosa)係經過靜音改良,是唯一配備泵噴射推進系統而非以前標準的螺旋槳車葉,該推進系統容許在出現車葉的空蝕氣泡和較低頻的噪音聲波前,允許使用較高的速率航行,可見先進新型的基洛級潛艦仍為俄羅斯柴電潛艦第一線的水下主力。

台灣海軍也曾經想利用機會購買基洛級潛艦,有美體報導 2000 年陳水扁任內,差點向俄羅斯購買下 10 艘基洛級潛艦,事屬軍事高度機密,可惜並沒有談成;2003 年此事又演變成不同的版本,流竄在國際軍火交易市場、媒體圈,某媒體再次報導,在日本的引見下,俄羅斯方面有意向台灣提出租借 6 艘基洛級 636 型潛艦 10 年計劃,但是隨即遭到國防部否認;之後,外國媒體亦報導,台灣在 2010 年取得俄羅斯同意合作潛艦的設計,但最後仍然失敗終結。

美國戰略與預算評估中心的高級研究員布萊恩·克拉克(Bryan Clark)曾經表示,雖然中國的核動力潛艦與美國還有所差距有待發展,但其依靠 AIP 系統的柴電潛艦已經可以在水下潛航 2 至 3 週的時間,而解放軍最新型自製的 041 元級潛艦,就是

附錄 13：中國海軍柴電潛艦技術轉變來源：號稱「深海黑洞」的基洛級潛艦

依據基洛級的藍本研製建造，這對於美國、日本等國而言，至今仍是一種威脅，且令其海軍反潛作戰所擔憂困擾的問題。

Kilo 潛艦艦艏圓柱的 MGK-400 聲納陣列，後方則是壓力殼的前端。
(網路擷圖)

# 附錄 14：盤點 2021 年解放軍潛艦量能與未來發展

本文部分曾刊登於 2021 年 8 月，《全球防衛雜誌》，第 444 期，頁 54 至 58。

　　中國海軍擁有各型核動力潛艦和數量眾多的柴電潛艦，在目前極力發展新型核動力潛艦的技術和能力的同時，柴電潛艦仍然是中國水下作戰能力的骨幹。依據美國政府的報告顯示，未來 21 世紀中國潛艦得數量可能會增加到 65 至 70 艘，2021 年就有 2 艘柴電潛艦正在建造艦體與內部裝配中。

## 解放軍潛艦發展一甲子的歷程

　　盤點解放軍現有潛艦的數量，許多不同研究單位計算的數字亦略有不同，主要是依據中國官方所公佈的資訊與衛星情報對潛艦活動的觀察，目前計有各型約 60 艘潛艦：核動力彈道飛彈潛艦(SSBN)4 艘、核動力攻擊潛艦(SSN)6 艘、柴電潛艦(SSK)50 艘，而這 50 艘柴電潛艦中有 17 艘新型的潛艦配備「絕氣推進系統」(AIP, Air-independent propulsion)。

　　眾所周知解放軍擁有和建造的歷史，從 1962 年至 1984 年採取的路線就是「採購、引進、效仿、吸收、創新」，此期間中國仿製前蘇聯所提供的潛艦，建造約 80 多艘「羅密歐級」(033 型)柴電潛艦，以及至少 20 艘以蘇聯羅密歐設計為基礎改良自製的「明級」(035 型)潛艦；並首先成為除俄羅斯之外，亞洲第一個設計和建造的核動力彈道飛彈潛艦「夏級」(092 型)的國家，她於 1983 年下水，並於 1987 年投入服役。但是「夏級」核潛艦性能不佳且噪音很大，至今還屢遭美國所嘲笑，不過很快就被新型的「晉級」(094 型)核潛艦所取代；而「商級」(093 型)核潛艦與俄羅斯「勝利者三型」(Victor-III)核潛艦極為相似，這表明俄羅斯的「魯賓設計局」(Rubin Design Bureau)極可能曾經提供技術援助建造；最新型的柴電潛艦「元級」(041 型)則是中國海軍目前持續自製建造計劃的最新型潛艦，也是繼先後向俄羅斯購買 12 艘「基洛級」潛艦之後，列為第一線水下作戰的兵力，該型潛艦幾乎每一艘都有所不同，表示其不斷地引進新的技術進行更新和驗證，配備先進的「絕氣推進系統」(AIP)，預計將建造 20 艘以上的。

解放軍自製首艘 033 型柴電潛艦(現停泊於大連旅順港)
(作者參觀時所拍攝)

解放軍自製首艘 033 型柴電潛艦的前魚雷艙
(作者參觀時所拍攝)

作者參觀解放軍自製首艘核柴潛艦(現停泊於青島港)
(作者參觀時所拍攝)

# 近 10 年新型潛艦技術和建造突飛猛進

依據媒體報導，2012 年 12 月中國與俄羅斯曾經簽署框架協議，以求共同建造 4 艘「拉達級」(Lada，計畫項目 677E)柴電潛艦，該型潛艦俄羅斯出口版本的稱為「阿穆爾級」(Amur-1650)；然而俄羅斯第一艘「阿穆爾級」已於 2014 年 10 月 18 日建造完成交付，但中國和美國至今的官方報告中，均未出現具有該型潛艦，因此是否真的採購或有其他因素暫停或擱置，並不得而知。

2015 年 4 月中國海軍計劃建造 3 艘改良型的「商級」(093B 型)核動力攻擊潛艦。目的採用新的技術改進其水下航行速率和降低噪音值，並設計新的垂直發射系統，以裝配射程 400 公里的「鷹擊 18」(YJ-18)潛射反艦飛彈。美國國防部估計，到 2020 年代中期，中國就會完成建造改良型的「商級」核攻擊潛艦，事實上證明其已經完成並服役，其提高反水面作戰能力和對地攻擊的能力；此外，中國也已在 2020 年代初建造並配備「巨浪三型」(JL-3 SLBM)潛射彈道飛彈的「唐級」(096 型)核動力彈道飛彈潛艦。

# 2021 年現有潛艦的能量

解放軍海軍目前擁有的各型潛艦計有：4 艘「晉級」彈道飛彈核潛艦，該型艦長 135 公尺、寬 12.5 公尺、潛航速率 20 節以上、可攜帶 12 枚「巨浪二型」彈道飛彈，目前中國在葫蘆島造船廠還繼續建造另外兩艘晉級；6 艘「商級」核動力攻擊潛艦，該艦長 110 公尺、寬 11 公尺、潛航速率可達 30 節、配備魚雷和巡航飛彈；17 艘「元級」柴電潛艦，該型艦長 77.6 公尺、寬 8.4 公尺、潛航速續最高 20 節。配備魚雷和巡航飛彈；自俄羅斯分別採購的 12 艘「基洛級」潛艦(2 艘 877 型、2 艘 636 型與 8 艘 636M 型)877 型長 72.9 公尺、寬 9.9 公尺，潛航速率最高可達 20 節，636 型長 72.6 公尺，潛航速率最高約 17 節；13 艘「宋級」柴電潛艦，該型艦長 74.9 公尺、寬 8.4 公尺、潛航速率最高可達 22 節；眾多較舊型的「明級」柴電潛艦，將逐漸被先進的新型潛艦所汰換，長 76 公尺、寬 7.6 公尺，潛航速率約 18 節，不過以此基礎後續研發出許多改良型，目的建立建造的能力，例如 035G 型和 035B 型。

中國近年也積極打入國際潛艦市場，中國船舶工業總公司(CSIC)以既有的基礎開發了出口版的柴電潛艦。2015 年 6 月泰國政府像北京購買 3 艘改良的出口型，每艘價格為 3.83 億美元。包括武器系統、零備件和相關技術轉移。2017 年泰國購在增購一艘，第一艘潛艦已於 2020 年初交付泰國。2016 年巴基斯坦政府批准以約 30 億美元的價格向中國採購 8 艘以「宋級」(039 型)配備「絕氣推進系統」(AIP)的出口型潛艦。中國造船工業公司將建造前 4 艘，其餘後 4 艘則在巴基斯坦的卡拉奇造船和工程廠建造，第一艘自 2022 年開始交付。2016 年中國向孟加拉交付了 2 艘「明級」潛艦。

# 美國高度關注中國新型核潛艦的建造

2017 年 10 月依據印度媒體《The Print》網的報導，衛星影像專家巴特(Vinayak Bhat)提出的中國潛艦建造設施衛星照片圖像，位於中國渤海造船廠東側的新廠房在 2015 年中開始動工建造新型核潛艦，這座位於葫蘆島的新廠房長 285 公尺、寬 130 公尺，面積近 4 萬平方公尺，而新廠房北面還有一個 200 長公尺，寬 170 米的廠房，很可能用以建造潛艦的分段模組；此巨大的廠房採取封閉式，能夠在惡劣天氣下正常施工，還能防止間諜衛星窺探，可同時建造 6 艘核潛艦；而仔細觀察照片周遭，還存放有些新設施和零組件，這些零組件寬約 16.5 公尺，顯示新潛艦的舷寬將大於 16.5 公尺；一般推測 096 核潛艦長約 150 公尺、寬約 20 公尺，水下排水量約 16,000 至 20,000 噸之間，潛航最大速率可達 32 節，艦體壓力殼使用高強度合金鋼，潛深可能達 600 公尺；據分析推測「唐級」(096 型)核潛艦，能裝配 24 枚巨浪三型潛射彈道飛彈，射程約 8,000-12,000 公里，巨浪三型潛射戰略彈道飛彈係由陸基東風-41 型改良而成，最大射程可以突破 10,000 公里，能攜帶 10 枚分導式多彈頭，這意味縱使 096 型核潛艦在中國近海發射，北美與歐洲全境都會在射程之內。

## 附錄 14：盤點 2021 年解放軍潛艦量能與未來發展

2020 年 11 月初，歐洲太空總署的「哨兵 2 號」(Sentinel 2)衛星拍攝新潛艦的分段低解析度影像，直到 2021 年才出現這高解析度影像，據分析該潛艦分段結構長約 30 至 32 公尺、寬約 11 至 12 公尺，可能是新的 095 型或 096 型核潛艦；至於另一種說法，就是也可能是建造新的「商級」(093 型)改良型，如果是則由邏輯推斷，應該是 093B 的進化版，採用類似俄羅斯亞森級(Yasen-class)核攻擊潛艦的垂直發射裝置，以攜帶更多鷹擊-18 巡弋飛彈。

而依據 2021 年 2 月 1 日美國《海軍新聞》(Naval News)網站的報導，其「公開來源情報」(Open Source Intelligence，OSINT)顯示解放軍建造新潛艦分段的影像，此係由「美國衛星公司馬薩爾科技」(Maxar Technologies)所拍攝商業影像，並在谷歌地球(Google Earth)影像公開更新。無論如何是哪一種型核潛艦，都比 093 型要更先進，這也進一步挑戰美國未來的印太戰略部署；除此之外，美國更高度關注的是未來她的「靜音能力」。

「美國衛星公司馬薩爾科技」(Maxar Technologies)所拍攝到的
解放軍建造新潛艦分段的影像
(擷取自 2021 年 2 月 1 日美國《海軍新聞》網站)

## 中國出現更新型的第三代柴電潛艦

近期中國媒體出現一張照片，雖然尚未經由中國官方證實，但據傳是新型的元級改良型潛艦。該照片是 2021 年 5 月 7 日出現在微博上，地點是在武漢市的一座橋上的背後，照片上的建築物與最近的衛星圖像相符，因此也證實該照片是最近所拍照的，該潛艦停泊在武漢市區的武昌造船廠。不過，該造船廠的生產已經轉移到市區外更大的新地點，因此新潛艦可能也同時會轉移到新廠執行建造。

　　該潛艦的帆罩頂部被一個紅色的防水油布所刻意覆蓋，顯示有意隱蔽不讓外界看見有所察覺。其與現有的的元級潛艦相比，該新型潛艦的帆罩進行徹底的重新設計，且出現許多更細微的變化；帆罩的上部雖然被遮蓋，但仍然可以看出其外型的輪廓，由上半部延伸的到下半部，有點像是瑞典的「布萊金厄」(A-26 Blekinge)級潛艦的帆罩外型設計。

　　而 2021 年 6 月 18 日大陸網路更流傳的一段新的視頻，其顯示疑似在長江上，該艘新型柴電潛艦由拖船伴拖航行，過去中國的柴電潛艦都是在武昌造船廠建造，建造完成下水之後，以拖船伴拖或伴隨沿長江東下至上海，進行後續電子與聲學裝備的測校試驗，然後再出海實施海上浮、潛航等其他所有功能測試。由這張照片顯示，於更清楚看見該潛艦帆罩前方指揮塔設計採三段折線式非傳統的直線設計，整個帆罩前方採前斜式設計連過去的填角都完全省略，從艦艏及艦體前段，設計與原先的宋級系列或後續第一代的元級潛艦更為圓熟，一般多被認為更能夠有效降低潛艦在水下航行的阻力，帆罩最上部有兩條長短不一白色長條的低頻接收天線。

　　該新型潛艦與現有的元級潛艦的長度似乎沒有增長，這意味可能並沒有增加巡弋導彈的垂直發射系統的發射數量；但是船體的外觀，比現有的元級潛艦更加平順圓潤，表示其在艦體的流體力學設計上將更現代化，有利於增強新潛艦的外部噪音抑制與推進動力速率。此外，近年中國一直在嘗試新的「絕氣推進系統」(AIP)的技術，如鋰電池系統，因此這些可能的新技術和新的變化是否會落實在中國下一代新型柴電潛艦上，產生一些重大的改進或變革，還有待後續長期的觀察。

中國更新型柴電潛艦，其帆罩(A)艉上垂直舵(B)與船體(C)，都出現些變化
(擷取自 2021 年 5 月 12 日美國《海軍新聞》網站)

拖船運送中的中國新型柴電潛艦
(擷取自 2021 年 6 月 17 日《Covert Shores》網站)

拖船運送中的中國新型柴電潛艦
(擷取自 2021 年 6 月 17 日《Covert Shores》網站)

瑞典的「布萊金厄」(A-26 Blekinge)級潛艦
(擷取自公開網路)

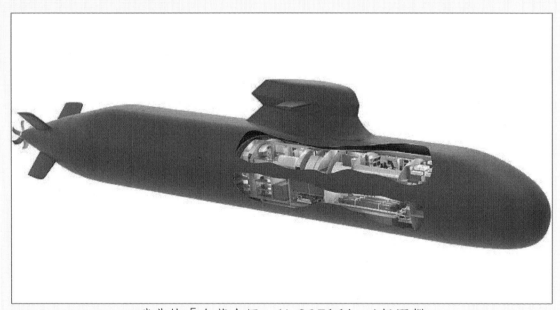

瑞典的「布萊金厄」(A-26 Blekinge)級潛艦
(擷取自公開網路)

# 附錄 15：美海軍建購「鎚頭型自走水雷」的戰術模式分析

本文部分內容曾刊登於 2021 年 9 月，《全球防衛雜誌》，第 445 期，頁 56 至 60。

美國為了對抗中國海軍的快速崛起，試圖圍堵或封鎖解放軍海軍自由進出第一島鏈，思考採用新的科技與戰術，開始著手計畫建購和部屬。美國海軍計畫採購波音公司研發的「殺人鯨」(Orca)「超大型水下無人載具」(XLUUV, Extra-Large Unmanned Underwater Vehicle，亦可稱為無人潛艇)，然後搭配多枚「鎚頭型自走水雷」(Hammerhead)對敵人進行攻勢布雷。

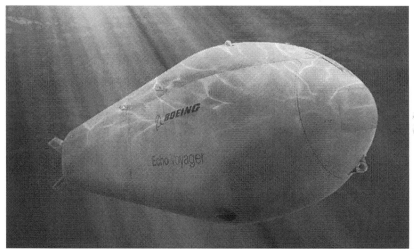

波音公司研發的「殺人鯨」(Orca)「超大型無人水下載具」(XLUUV)

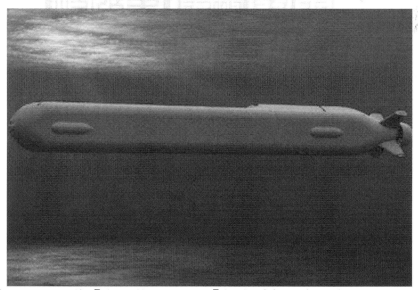

波音公司研發的「殺人鯨」(Orca)「超大型無人水下載具」(XLUUV)

　　依據 2021 年 6 月 1 日美國相關網站上諸位專家和學者的研討分析顯示，近期在美國眾議院軍事委員會最近的證詞中，負責作戰需求和能力(N9)的副部長海軍中將(VADM) 詹姆斯·基爾比(James W. Kilby)就計畫建構波音公司研發的「殺人鯨」(Orca)「超大型無人水下載具」(XLUUV)公開發表聲明：「我們正在尋求這樣的載台，因為我們的作戰指揮官在作戰需求上需要解決某些特定的問題。」並補充強調「這種超大型無人水下載具是從波音公司所研發的「回音航海器」(Echo Voyager)改變而來，我們在它的中段設置了一個任務模組，使它可以攜帶水雷。」

　　而依據 2021 年 7 月 6 日美國相關的媒體報導，美國「武器艙系統公司」(Strikepod Systems)的高階分析師大衛·斯特拉坎(David Strachan)援引《海軍指揮官作戰手冊》(The Commander's Handbook on the Law of Naval Operations)簡介美國海軍目前正規畫的新型攻勢水雷作戰戰略，作戰的假想敵就是中國，預畫該型水雷將會有效地攻擊的一導電內的中國海軍艦艇和潛艦，束縛中國海軍的兵力在港內並削弱其攻擊力量。

　　美國海軍計畫採用波音公司所研發的「回音航海器」重達 50 噸，長約 15.5 公尺，寬和高各約 2.6 公尺，航程可達 6,500 海浬，單獨執行潛航任務可達數月時間。，且單次可獨立運作數月，採用慣性導航系統(inertial navigation system)及深度感測器，有需要時亦可浮出水面，透過 GPS 進行精準定位，並透過衛星和遙控的基地、航空母艦或水面作戰艦進行通訊，以回報資訊或接收新的指令，最大潛航深度約可達 3,333 公尺(約 11,000 呎)，最高速度可達 8 節。它的一個最大重點即是模組化的酬載系統，可攜帶不同酬載，輔助不同任務。該水下無人載具的內部酬載空間達 2,000 立方呎，可容納長度及重量分別為最長 34 呎，最重可攜帶 8 噸，亦可採用外掛於外部的酬載。

　　美國計畫建購「超大型無人水下載具」是為了解決「聯合緊急作戰需求」(JEON, Joint Emergent Operational Need)。「超大型無人水下載具」自研發以來，其能夠涵蓋廣泛的多元任務，包括「情報監偵」(ISR, Intelligence, Surveillance, & Reconnaissance)、「作戰環境的情報準備」(IPOE, Intelligence Preparation of the Operational Environment)、「反潛作戰」(ASW, Anti-Submarine Warfare)、「水雷反制」(MCM, Mine Countermeasures)、「反水面作戰」(ASuW, Anti-Surface Warfare)與「電子戰」(EW, Electronic Warfare)等等。它也可以成為一個有效操作載台，擔任海底物流運送、海底基礎設施，如能源和數據傳輸站，特別是非動力和動力水雷的布放。

　　儘管基爾比中將對於作戰指揮官(COCOM)的需求和問題，說的有些(也可能因為軍事機密故意說不清楚)含糊其辭，但他所指的單位就是印度太平洋司令部，也就是具體問題是針對中國解放軍海軍的潛艦。但基爾比中將卻沒有說明會採用何種形式的水雷，依據近年來過去美國海軍所公開的簡報資訊，答案是使用一種新武器進行「攻勢反潛布雷」：「鎚頭型自走水雷」。

## 附錄 15：美海軍建購「鎚頭型自走水雷」的戰術模式分析

美國現行水雷作戰技術，與中國解放軍海軍所庫存的三十多種水雷相比，美國海軍的水雷庫存是極其有限，美軍目前只有兩種類水雷「快速打擊型」(Quickstrike)和「潛射型自走水雷」(Submarine Launched Mobile Mine)可供部署，兩者都在冷戰期間投入使用；而另外的兩種(CDM, Clandestine Delivered Mine)和「鎚頭鯊型」(Hammerhead)自走水雷，則仍在積極研發中。

目前美國海軍現有「快速打擊型」水雷是儲備量最大的一型，它是淺水海域水雷，實際上是由 500 磅(MK-62)、1000 磅(MK-63)和 2000 磅(MK-65)的通用炸彈改裝而成，MK-62 和 MK-63 能夠進行防區外、擴大射程使用「聯合直接攻擊彈藥」(JDAM, Joint Direct Attack Munition)組件進行部署，由於是空投武器，「快速打擊型」水雷並不適合從海底平台進行部署。

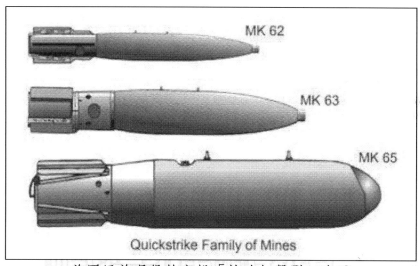

美軍目前現役的空投「快速打擊型」水雷

MK-62 和 MK-63 型能夠與「聯合直接攻擊彈藥」組件擴大布放射程

　　而「潛射型自走水雷」(SLMM)本質上是一種魚雷，可以由潛艦隱密預先設定的航路點發射，成為海床上的水雷，目前美軍該型的庫存量並未公開，但在 2012 年計劃逐步淘汰時，該計劃由當時的海軍作戰部長海軍上將喬納森·格林納特(Jonathan Greenert)予以保留，原因可能是基於 MK-48 型魚雷的改良版的自走水雷還正在研發中。然而，據美國水雷作戰專家斯科特·特魯弗(Scott Truver)宣稱：「美國海軍正在重新利用多餘的 MK-67 潛射型是自走水雷，搭配以「殺人鯨」超大型水下無人載具。

美國海軍「潛射型自走水雷」(SLMM)潛艇發射自走水雷

　　美國海軍研發中的「隱秘布放型水雷」(CDM, Clandestine Delivered Mine)公開的資訊甚少，但它至少已經研發五年之久，據瞭解其體積甚小，長約 4.5 英尺，直徑約 1.5 英尺，設計用於非常淺的水域。

美國海軍研發中的「隱秘布放型水雷」(CDM, Clandestine Delivered Mine)

## 附錄 15：美海軍建購「鎚頭型自走水雷」的戰術模式分析

　　依據美國海軍水面作戰中心 2016 年和 2017 年的年度報告內容顯示，「隱秘布放型水雷」還正在與「大型水下無人載台」(LDUUV)，又名「蛇頭」(Snakehead)進行整合測試。而海軍 2022 年度財務預算提案(PE 0604601N - 水雷研發)指出，「隱秘布放型水雷」將與超大型無人水下載具整合，對此並提出聯合緊急作戰需求的聲明(JEONS)。

　　「鎚頭型」(Hammerhead)自走水雷，是一種繫泊、封裝的魚雷外形水雷，專門結合「超大型無人載具」而設計。其基於 MK-54 輕型魚雷、複雜的感測器、高密度能量模組、先進的電子計算處理能力、水中聲學和通信傳輸的能力，「鎚頭型自走水雷」設計能夠部署到海底數週或數月，並且待命激活偵測攻擊敵方潛艦，布放多枚所形成的雷區還可以成為一個水下無線感測器網絡。

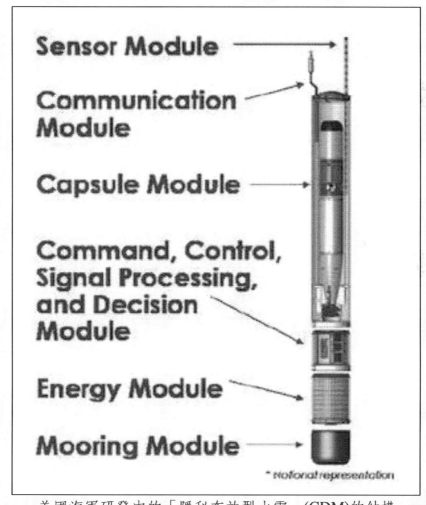

美國海軍研發中的「隱秘布放型水雷」(CDM)的結構

155

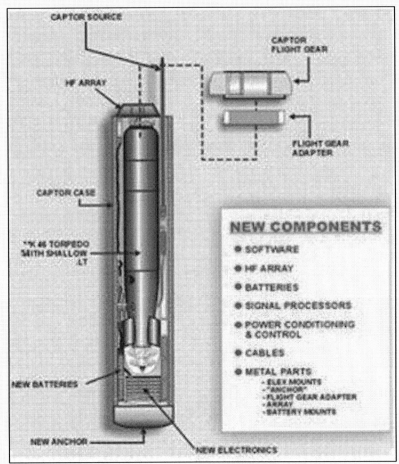

美國海軍研發中的「隱秘布放型水雷」(CDM)的結構

## 美國計畫於和平時期秘密布雷的方式

　　雖然 1907 年有關於布設水雷的聯合國國際公約(Hague VIII)，是經常被引用有關水雷作戰的權威法律，但該條約的構建範圍很狹窄，主要是根據 1907 年當時的最新技術，為了解決在戰時所部署的浮動或繫留式觸發水雷而制定。然而對於現代和平時期的布雷行動的國際法相關的解釋，從美國的角度來看，則美國「海軍作戰法指揮官手冊」中的第 9.2.2 節「和平時期的布雷方式」(Peacetime Mining)，其內容如下：「受控制的水雷可能…布設在國際水域…如果它們不會干擾海洋的其他合法用途時。…由於受控制的水雷不會對航行構成危害，因此不需要對其布設發出國際通知。…」

　　由於「鎚頭型」水雷採用聲學和通信能力的技術，可以遙控遠程啟動/停用水雷，因此海國海軍將它歸屬於範圍內的「受控制水雷」，即使布設此種雷區在技術上可能是符合規範的，但在和平時期預先布置這型水雷所帶來的地緣政治後果可能會很嚴重，尤其是在涉及有爭議的海權主張的情況下。例如，北京可能很少考慮沿第一

## 附錄 15：美海軍建購「鎚頭型自走水雷」的戰術模式分析

或第二島鏈布設水雷的合法性。一般來說，在附近的國際水域或專屬經濟區(更不用說是在領海內)若發現水雷，輕者可以說是嚴重破壞區域穩定，重導成為「海底的古巴飛彈危機」，重者可以說將會成為武裝衝突或戰爭的催化劑。

但與過去的古巴飛彈危機所不同，在古巴飛彈危機中，設置在一個主權國家的邊界內的陸基飛彈是可以經由空照與證據公開曝光，而秘密在海底布設水雷，即使不是不可能被發現，也極其困難。

由美國海軍設計超大型水下載具的概念圖，其中描繪了安裝在載台內部艙間內 12 個成傾斜角度的多管配置方式，美國海軍設想一次布放至少 12 枚水雷，但必須考慮到載台可容納的空間約 10 公尺。根據海軍公開的「鎚頭型自走水雷」的簡報，Mk-54 魚雷的長度約為 2.72 公尺，整個設備，包括動力、通信、處理和繫泊模組，長度可能約 4.5-5.8 公尺之間。

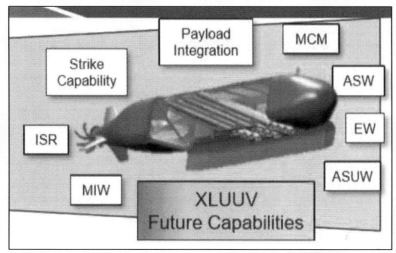

美國建構「超大型水下無人載具」可涵蓋執行多元任務

美國核動力潛艦也可以搭載二組特種水密大型容器進行布雷

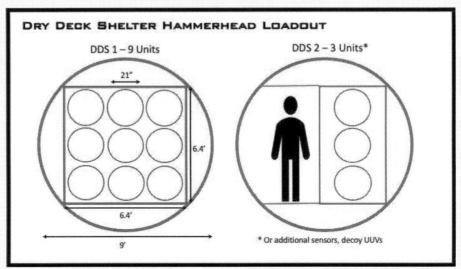

美國核動力潛艦搭載二組特種水密大型容器進行布雷的尺寸和配置示意圖

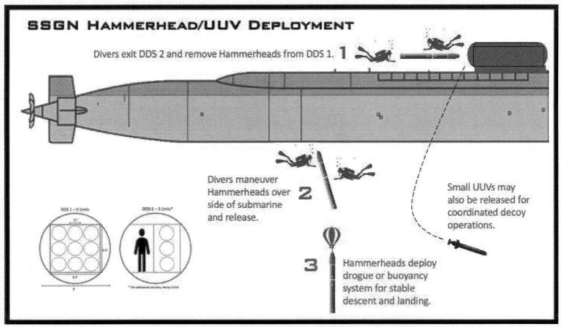

美國以核動力攻擊潛艦布放「鎚頭型自走水雷」的三種方式

## 「鎚頭型自走水雷」攻擊概念和殺傷鏈

　　「鎚頭型自走水雷」可以部署在已知或預期的敵方作戰區域(港口、遏制點)附近，但目前該型水雷的初始計畫產量為 30 枚，遠不及能夠實現大規模布雷的數量。為了增高「擊殺概率」(Pk)，每枚水雷可以搭配一個小型的誘餌(UUV)，吸引敵方潛艦進入水雷攻擊區(WEZ)，該誘餌採用聲學模擬器模仿我方潛艦傳播的聲音。

## 附錄 15：美海軍建購「鎚頭型自走水雷」的戰術模式分析

### 1 對 1 單枚布放的擊殺模式(Barrier/Dispersed, 1v1)

布放單一枚的「鎚頭型自走水雷」，採取 1 對 1 單枚布放的擊殺模式，其如四個步驟如圖：一、偵測(Detect)；二、欺騙(Deceive)；三、追蹤(Track)；四、攻擊 Engage。一旦敵方潛艦完全進入射程，就會發射其 M-54 魚雷，它以大約 40 節的速度迅速攔截並擊殺敵方潛艦，「鎚頭自走水雷」內部的 MK-54 型魚雷的射程大約 6 海浬 (約 10.8 公里)。

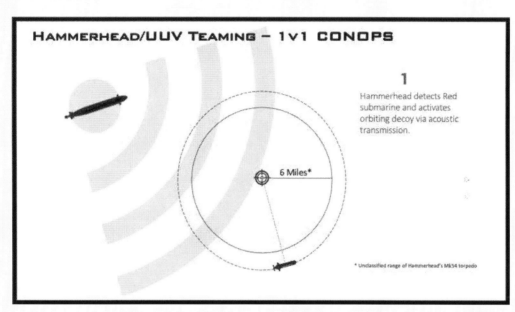

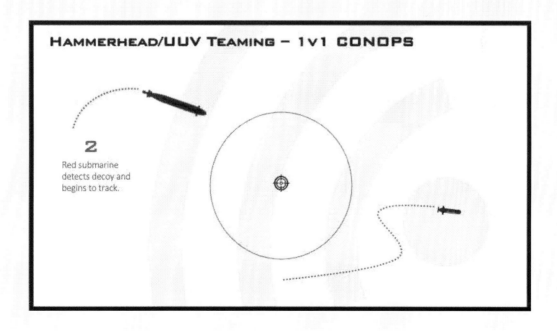

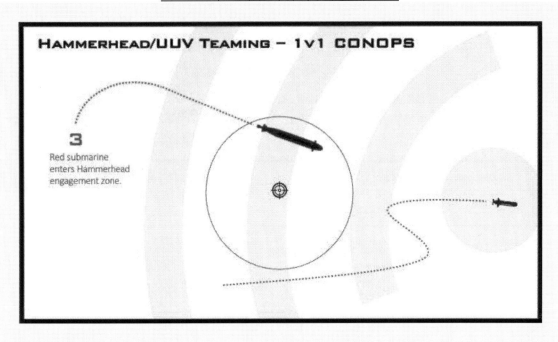

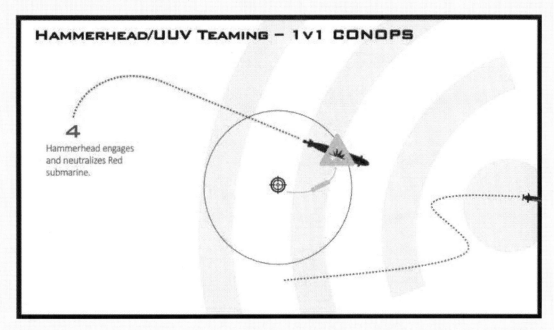

## 4 對 1 多枚布放的擊殺模式(Kill Box, 4v1)

部署「鎚頭型」自走式水雷的最有效方法是在結構化的聯合擊殺,以最大限度地利用有限數量的該型水雷,同時運用其射程、先進的感測器和通信能力以及作戰深度。基本上這種結構性的布放以 4 枚為一組雷區設定,超大型水下無人載具在布

設完成 4 枚水雷任務之後，可以返回母艦或基地，也可以留在雷區射程外圍航行充當誘餌。擔任誘餌水下載具會自行規畫路線圍繞著雷區航行(亦可由水面作戰艦遠端遙控設定路線)。當誘餌引誘敵方潛艦追蹤進入雷區之後，「鎚頭型自走水雷」將利用內部的人工智能分析模式，待敵方潛艦進入雷區中心，形成聯合攻擊態式。

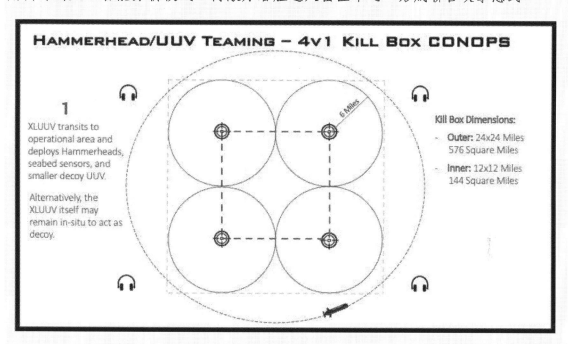

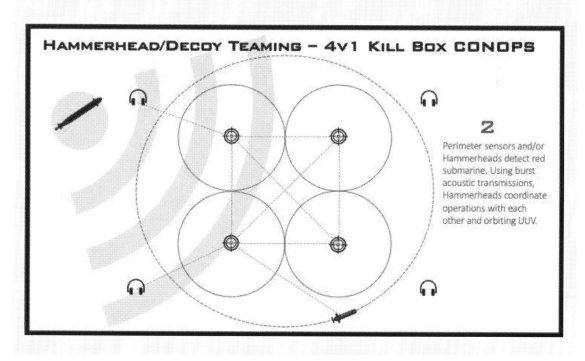

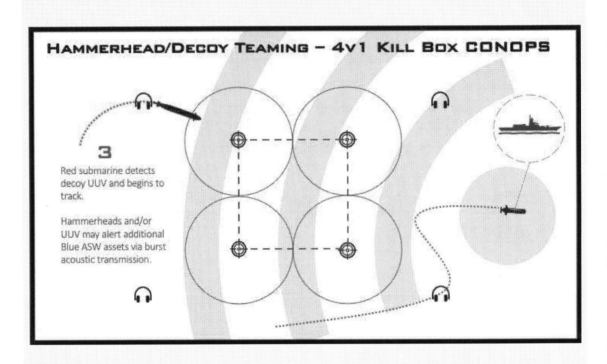

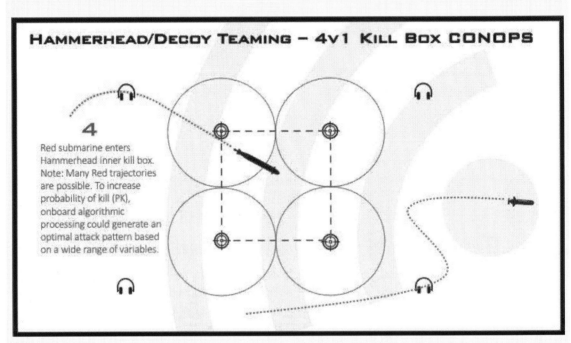

附錄 15：美海軍建購「鎚頭型自走水雷」的戰術模式分析

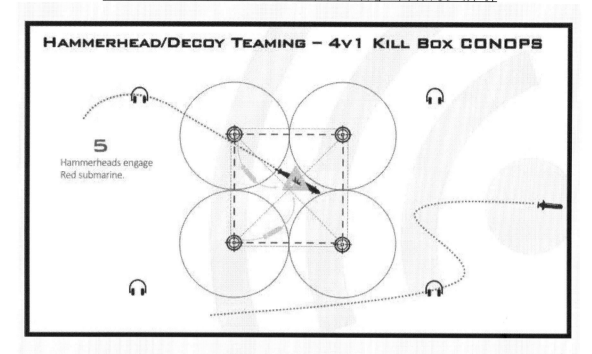

雖然「鎚頭自走水雷」本身的電力可能可以持續數月，但如果要再進行充電或更換電池卻是很大的挑戰；因此未來「鎚頭自走水雷」不論是單枚不放或是4枚組成布放，都可能連接到外部海底電力組成，例如大型鋰離子電池，甚至小型核反應電力。據傳聞俄羅斯目前也正在開發小型核反電力為其北極海床特種作業提供電力來源，包括布放在海底的水雷和「水下固定聲納聽音陣列」(SOSUS)系統；此外也美國目前也有採取用航空母艦或核動力攻擊潛艦，攜帶擔任補充電力任務的大型水下無人載具，以遠端遙控對雷區內的水雷精準銜接進行充電。而執行布放水雷的大型水下無人載具，如果是劉在雷區擔任誘餌，也需要定期給予充電，為了解決這個問題，大型水下無人載具可以在無需要執行任務時，以遙控方式讓其停留在海床上休眠等待啟動，或者導引其航行至附近設置的海底充電站。

參考資料來源："Analysis: Hammerhead, Orca, SS", *Strike Pod Systems*, June 1, 2021.
https://www.strikepod.com/xluuv-offensive-mining/

# 參考文獻

[1] 李大鵬 編著，「潛艇 AIP 裝置」，《北京：國防工業出版社》，2015 年 2 月。

[2] 廣宇主編、袁富宇、陳義平副編、以及丁迎迎等 21 位學者共同編著，「潛艇指控系統理論與應用」，《北京：中國工信出版集團、電子工業出版社》，2018 年 2 月。

[3] 劉淼森、韓唅、楊清軒，「國外潛艇作戰系統發展研究」，《艦船科學技術》，2019 年第 41 卷第 1 期，頁 152 至 157。

[4] 朱蓓麗、黃修長編著，「潛艇隱身關鍵技術-聲學覆蓋層的設計」，《上海交通大學出版社》，2012 年 12 月。

[5] Michael Green, "United States Navy Submarines 1900-2019", *PEN & SWORD MARITIME*, Dec 2019.

[6] Roy Burcher, "Concepts in Submarine Design", *Cambridge University Press*, Dec 1995.

[7] Stan Zimmerman, "Submarine Technology for the 21st Century", *Trafford Publishing*, Feb, 2000.

[8] "Nouvelles photos incroyables de sous-marins nucléaires chinois sur Google Earth", *Association Générale des Amicales de Sous-Mariniers*, 5 Mars 2021. https://www.agasm.fr/nouvelles-photos-incroyables-de-sous-marins-nucleaires-chinois-sur-google-earth/?fbclid=IwAR018oUTfLQ3_n6VXKplbo-VwEGt9oCC6WiJXUDb2F-BQu3RHMktcHZ0Wcc

[9] "Russia deploys all Black Sea submarines during NATO drills", *Navy Recognition*, 19 Mar 2021. https://www.navyrecognition.com/index.php/news/defence-news/2021/march/9858-russia-deploys-all-black-sea-submarines-during-nato-drills.html?fbclid=IwAR0UCpzyo83wvGeTqafbw6SNqGFLiglcd6SFu_PFLnSsnV4V8tCSHK5T-6g

[10] "Submarine Proliferation Resource Collection", *Nuclear Threat Initiative*, 16 Dec 2020. https://www.nti.org/analysis/reports/submarine-proliferation-overview/

[11] Defence correspondent Andrew Greene, "Defence Minister warns French designers of Australia's submarine fleet after company questions local supplier capability", *ABC News*, 13 Feb 2020. https://www.abc.net.au/news/2020-02-13/defence-minister-warns-france-over-80-billion-submarine-program/11963758?fbclid=IwAR1kvg7rRTjHenUjtTxatPVEqSBuM8OUkd1QL8zNaBRzy0g391NRZNnzccw

[12] Geoff Ziezulewicz, "Critters under the sea: Naval submarine 'Connecticut' invaded by bedbugs", *Navy Times*, 10 Mar 2021. https://tw.news.yahoo.com/%E6%9D%9F%E6%89%8B%E7%84%A1%E7%AD%96-%E7%BE%8E%E5%9C%8B%E6%9C%80%E5%85%88%E9%80%B2%E6%A0%B8%E6%BD%9B%E8%89%A6%E9%81%AD%E5%8F%97%E6%94%BB%E6%93%8A-%E5%8D%8D%E8%B1%A1%E7%AB%9F%E7%84%B6%E6%98%AF-%E5%BA%8A%E8%9D%A8-014947312.html

[13] H I Sutton, "China Increases Production Of AIP Submarines With Massive New Shipyard", *Naval News*, 16 Feb 2021. https://www.navalnews.com/naval-news/2021/02/china-increases-production-of-aip-submarines-with-massive-new-shipyard/

[14] H I Sutton, "Chinese Submarine Drone Discovered Near Gateway To Indian Ocean", *National Interest*, 29 Dec 2020. https://www.navalnews.com/naval-news/2020/12/chinese-submarine-drone-discovered-near-gateway-to-indian-ocean/

[15] H I Sutton, "First Image Of China's New Nuclear Submarine Under Construction", *Naval News*,, 01 Feb 2021. https://www.navalnews.com/naval-news/2021/02/first-image-of-chinas-new-nuclear-submarine-under-construction/

[16] H I Sutton, "Revealed: China's New Super Submarine Dwarfs Typhoon Class", *Naval News*, 01 Apr 2021. https://www.navalnews.com/naval-news/2021/04/revealed-chinas-new-super-submarine-

dwarfs-typhoon-class/?fbclid=IwAR0IyOCsRQUvbkUg54sRU7aL-Od5CeWWly4eMTx-WukKhq3qEYD9DZex4fg

[17] H I Sutton, "U.S. Navy Submarine Fleet To Be Overtaken By China Before 2030", *Naval News*, 13 Dec 2020. https://www.navalnews.com/naval-news/2020/12/u-s-navy-submarine-fleet-to-be-overtaken-by-china-before-2030/?fbclid=IwAR3AkJqTjUimmT5CQ8ZVFTRSAZkpuP589K5ZO7AhHtFmLbwARETielXvxbk

[18] James Holmes, "Why the Navy's New SSN(X) Submarines Must Be Affordable", *National Interest*, 30 Mar 2021. https://nationalinterest.org/blog/reboot/why-navy%E2%80%99s-new-ssnx-submarines-must-be-affordable-and-numerous-181568?fbclid=IwAR2pUFwtw51-voxQsHijs6FeBMhxgadi2RhFEyaWc19EcAiRs1-g4wy0kP0

[19] Kyle Mizokami, "Kilo-Class: Why Is This Russian Submarine Called the "Black Hole"?", *National Interest*, 09 Mar 2021. https://nationalinterest.org/blog/reboot/kilo-class-why-russian-submarine-called-black-hole-179634

[20] Kyle Mizokami, "Los Angeles Class Attack Submarine: The U.S. Navy's Best Ever?", *National Interest*, 16 Mar 2021. https://nationalinterest.org/blog/reboot/los-angeles-class-attack-submarine-us-navys-best-ever-180399

[21] Kyle Mizokami, "Submarine Duel: America's Virginia Class vs. Russia's Yasen Class", *National Interest*, 09 Mar 2021. https://nationalinterest.org/blog/reboot/submarine-duel-americas-virginia-class-vs-russias-yasen-class-179603

[22] Kyle Mizokami, "Which Countries Will Have the Most Powerful Navies on the Planet (in 2030)?", *National Interest*, 13 Nov 2020. https://nationalinterest.org/blog/reboot/which-countries-will-have-most-powerful-navies-planet-2030-172526

[23] Michael Peck, "Could U.S. Navy Submarines Soon Be Armed with Lasers?", *National Interest*, 10 Mar 2021. https://nationalinterest.org/blog/reboot/could-us-navy-submarines-soon-be-armed-lasers-179721

[24] Patrick DELEURY, "Propulsion par hydrojet pour les futurs sous-marins ?", *Association Générale des Amicales de Sous-Mariniers*, 4 Nov 2020. https://www.agasm.fr/propulsion-par-hydrojet-pour-les-futurs-sous-marins/?fbclid=IwAR3PHKOgmnrraZMgWd4Pd1E3k1KmFLPGYG2LH048GfkJSWvtndDoiHRAJOA

[25] Ryan White, "Why are diesel-electric submarines quieter than nuclear submarines? Are they quieter in both diesel and electric mode, or just electric?", *Naval Post*, 14 Mar 2021. https://navalpost.com/nuclear-submarines-diesel-electric-submarines-noise-level/?fbclid=IwAR2Re2xsiNuJoLgWBkouM285uTOjh5ZMiAFANswxUpBaRMxci5wgdtgJnkk

[26] Ryan White, "Why are submarines so hard to find?", *National Interest*, 30 Mar 2021. https://navalpost.com/why-are-submarines-so-hard-to-find/?fbclid=IwAR0g-mXKKsKODHyqd4q2kPjsnS-Yc_UI4tnnQTub_BaB_84MqrQx9y0eO870

[27] Sebastien Roblin, "Could China's New Quantum Radar Be a Submarine Killer?", *National Interest*, 30 Mar 2021. https://nationalinterest.org/blog/reboot/could-china%E2%80%99s-new-quantum-radar-be-submarine-killer-181467?fbclid=IwAR0lKQs68jL63SccxMt8xVFOytnCLeOsJhQBFHNcz7zGhcK60VN_VnlEHbg

[28] "Analysis: Hammerhead, Orca, SS", *Strike Pod Systems*, June 1, 2021. https://www.strikepod.com/xluuv-offensive-mining/

[29] William E. Conner, "An Acoustic Arms Race", *American Scientist*, MAY-JUNE 2013, VOLUME 101, No. 3. https://www.americanscientist.org/article/an-acoustic-arms-race

## 參考文獻

[30] "ASW Systems", *The Federation of American Scientists*, 01 Feb 2020. https://fas.org/man/dod-101/navy/docs/es310/asw_sys/asw_sys.htm

[31] "Performing Automatic Target Motion Analysis", *Adammil*, 19 Sep 2011. http://www.adammil.net/blog/v103_Performing_Automatic_Target_Motion_Analysis.html

山不在髙，有仙則靈；
水不在深，有龍成形；
書不在多，有一人看...
.............................就行。

國家圖書館出版品預行編目資料

21 世紀柴電潛艦戰術與科技新知 II／王志鵬
著. —初版.—高雄市：王志鵬，2021.10
　　　面；　公分.
　ISBN 978-957-43-9255-1（平裝）

1. 艦隊 2. 潛水艇 3. 戰略
597.77　　　　　　　　　　110014391

# 21世紀柴電潛艦戰術與科技新知　II

作　　者　王志鵬
出　　版　王志鵬
經銷代理　白象文化事業有限公司
　　　　　412台中市大里區科技路1號8樓之2（台中軟體園區）
　　　　　出版專線：（04）2496-5995　　傳真：（04）2496-9901
　　　　　401台中市東區和平街228巷44號（經銷部）
　　　　　購書專線：（04）2220-8589　　傳真：（04）2220-8505
印　　刷　百通科技股份有限公司
初版一刷　2021 年 10 月
定　　價　480 元